Industrial Mechanics

詳解
工業力学
[第2版]

入江敏博 [著]
Toshihiro Irie

JN169323

Ohmsha

本書籍は，理工学社から発行されていた『詳解 工業力学』を改訂し，第2版としてオーム社から発行するものです．オーム社からの発行にあたっては，理工学社の版数を継承して書籍に記載しています．

本書を発行するにあたって，内容に誤りのないようできる限りの注意を払いましたが，本書の内容を適用した結果生じたこと，また，適用できなかった結果について，著者，出版社とも一切の責任を負いませんのでご了承ください．

本書に掲載されている会社名・製品名は一般に各社の登録商標または商標です．

本書は，「著作権法」によって，著作権等の権利が保護されている著作物です．本書の複製権・翻訳権・上映権・譲渡権・公衆送信権（送信可能化権を含む）は著作権者が保有しています．本書の全部または一部につき，無断で転載，複写複製，電子的装置への入力等をされると，著作権等の権利侵害となる場合があります．また，代行業者等の第三者によるスキャンやデジタル化は，たとえ個人や家庭内での利用であっても著作権法上認められておりませんので，ご注意ください．
本書の無断複写は，著作権法上の制限事項を除き，禁じられています．本書の複写複製を希望される場合は，そのつど事前に下記へ連絡して許諾を得てください．

(社)出版者著作権管理機構
(電話 03-3513-6969，FAX 03-3513-6979，e-mail：info@jcopy.or.jp)

JCOPY <(社)出版者著作権管理機構 委託出版物>

まえがき

　本書は大学，短大，高専における機械系学科の学生の教科書として，およびそれ以外の広い分野の技術者の参考書として書かれたものである．そのために，つぎのいくつかの点に特別の注意が払われている．
　（１）　平面内に働く力と，それによって起こる運動をおもな内容として，力学に関する基礎的な重要事項をわかりやすく説明した．
　（２）　初歩的な数学の知識だけで，十分理解ができるように配慮した．
　（３）　われわれが日常身近に経験する実際的な例題を数多くあげて，読者の興味をひくとともに，理解を深めるようにした．
　（４）　おおむね１年間の演習の時間にあわせて，100問の演習問題を課し，巻末にヒントと解答を与えた．
　（５）　単位はすべて新しい国際単位によっている．
　力学は決して新しい学問ではない．17世紀末，ニュートンが運動法則を発見して以来，多くの数学者，物理学者によって力学が美しい学問体系となったのは，比較的新しいことといえる．しかし，すでに紀元前の昔，かなり高度な力学の知識と経験があったことは，現在に残る古い建造物がみごとに力学の法則に適っていることから，十分うかがい知ることができる．力学が，科学と技術の基礎となって，人類社会に大きい貢献をしていることは，今も昔も変わりはない．
　どんな学問でも，また学問以外のなにごとでも，すべて基本が大切である．基礎的な知識と考え方がしっかり身についていれば，どんなに専門が細分化し，進歩しても，必要に応じて十分応用能力を伸ばしうるものである．いまや，科学・技術ともに世界の先端をゆくわが国が，先進諸国に伍して，将来指導的な役割を果たすべき責任はきわめて大きいといわねばならない．次代を担う若い学生や技術者の方々が，一人でも多く基礎的な力学を理解して，その知識をそれぞれの分野の仕事に生かして頂けることが，著者の最も希望するところである．

本書を草するにあたって，多数の書物を参考にさせて頂いた．これらの著者に対して深く感謝の意を表するとともに，この書の出版に際して多大の労を惜しまれなかった編集部の各位に厚くお礼申し上げる．

　1982 年　初冬

著　者

第 2 版の序

　本書の初版は 1983 年に理工学社から刊行され，32 年間の長きにわたり通算 44 刷を重ね，工業力学を学ぶ読者の皆様にご支持をいただいて参りました．演習問題（100 問）についても，「実際的で役に立つよい問題が多い」との評価をいただいて参りましたが，時代が下るにつれ，問題の解法について，よりくわしい解説を希望する声が数多く寄せられるようになりました．

　そこで，このたび巻末に掲載されていた「演習問題のヒントと解法」を「演習問題の解法と解答」へと改め，よりていねいな解説へ大幅に増補するとともに，本文中の計算にあらわれる有効数字の扱いについても見直し，全編にわたって整合を図りました．また，今回の改訂を機にレイアウト紙面もすべて刷新し，これまで以上に，本書が読者の皆様のお役に立てることを願っています．

　最後に，「演習問題の解法と解答」について多大なるご協力をいただいた故 國枝正春氏〔元（株）IHI 技監・明星大学教授〕に感謝を申し上げ，第 2 版の序といたします．

　2016 年 10 月

オーム社書籍編集局

目次

1章 一点に働く力

- **1·1** 力と力学 …………………………………………………… 001
- **1·2** 力のあらわし方 ……………………………………………… 002
- **1·3** 力学の単位（国際単位）…………………………………… 002
- **1·4** 力の合成と分解 ……………………………………………… 005
  1. 二つの力の合成　5
  2. 力の分解　6
  3. 一点に働く多くの力　7
- **1·5** 力のつりあい ………………………………………………… 009
  - 演習問題 ……………………………………………………… 011

2章 剛体に働く力

- **2·1** 二つの力の合成 ……………………………………………… 013
  1. 平行でない力　13
  2. 平行な力　13
- **2·2** 力のモーメント ……………………………………………… 015
  1. 力のモーメント　15
  2. モーメントの合成　15
- **2·3** 偶力 …………………………………………………………… 017
  1. 偶力　17
  2. 力の移動と変換　18

2·4 剛体に働く力の合成とつりあい ・・・・・・・・・・・・・・・・・・・・・・・・・・・・ 019
    1. 力の合成 (計算による方法) *19*
    2. 力の合成 (図式解法) *21*
    3. 剛体のつりあい *22*

2·5 支点と反力 ・・ 023
    1. 反力 *23*
    2. 支点 *25*

2·6 トラス ・・ 027
    1. 節点法 *28*
    2. 切断法 *29*
    3. 図式解法 *30*
    演習問題 ・・ 032

3章　重心と分布力

3·1 重心 ・・ 035
    1. 重心 *35*
    2. 重心の計算例 *36*
    3. パップスの定理 *39*
    4. 簡単な形をした物体の重心 *41*

3·2 重心位置の測定法 ・・・・・・・・・・・・・・・・・・・・・・・・・・・・・・・・・・・・・・ 044
3·3 物体のつりあい ・・・ 046
3·4 分布力 ・・・ 049
    1. はり *49*
    2. たわみやすいロープ *51*
    3. 静止流体の圧力 *53*
    演習問題 ・・ 057

4章 速度と加速度

- **4·1** 直線運動 ･･･ 059
  1. 速度　*59*
  2. 加速度　*60*
- **4·2** 曲線運動 ･･･ 063
  1. 速度　*63*
  2. 加速度　*64*
  3. 接線加速度と法線加速度　*64*
- **4·3** 放物運動 ･･･ 065
- **4·4** 円運動 ･･･ 067
  1. 角速度　*67*
  2. 角加速度　*68*
- **4·5** 相対運動 ･･･ 070
- **演習問題** ･･ 071

5章 力と運動法則

- **5·1** ニュートンの運動法則 ･････････････････････････････････････ 073
- **5·2** ダランベールの原理 ･･･････････････････････････････････････ 075
- **5·3** 求心力と遠心力 ･･･ 076
  1. 求心力と遠心力　*76*
  2. 円すい振子　*78*
- **5·4** 天体の運動 ･･･ 079
  1. 万有引力　*79*
  2. 月の運動と地球の質量　*80*
  3. 惑星の運動と太陽の質量　*80*
- **演習問題** ･･ 083

6章 剛体の運動

6・1 剛体の平面運動 ･･････････････････････････････････････ 085
  1. 剛体の平面運動　*85*
  2. 速度と加速度　*86*
6・2 固定軸のまわりの回転運動 ･･････････････････････････ 087
6・3 慣性モーメント ･････････････････････････････････････ 089
  1. 慣性モーメント　*89*
  2. 慣性モーメントに関する定理　*90*
  3. 簡単な物体の慣性モーメント　*91*
6・4 剛体の平面運動の方程式 ･･･････････････････････････ 099
  演習問題 ･･ 101

7章 摩擦

7・1 すべり摩擦 ･･ 103
  1. 静止摩擦　*103*
  2. 運動摩擦　*104*
7・2 ころがり摩擦 ･･ 106
7・3 斜面の摩擦と応用 ･･････････････････････････････････ 107
  1. 斜面　*107*
  2. くさび　*109*
  3. ねじ　*110*
7・4 軸受の摩擦 ･･･ 112
  1. ジャーナル軸受　*112*
  2. スラスト軸受　*113*
7・5 ベルトの摩擦 ･･･････････････････････････････････････ 114
  演習問題 ･･ 116

8章　仕事とエネルギー

- 8・1　仕事 ……………………………………………………… 117
  - 1. 仕事　*117*
  - 2. 回転体の仕事　*118*
- 8・2　エネルギー ……………………………………………… 118
  - 1. 運動エネルギー　*119*
  - 2. 位置エネルギー　*120*
  - 3. 力学エネルギー保存の法則　*121*
- 8・3　動力 ……………………………………………………… 123
  - 1. 動力　*123*
  - 2. 回転機械の動力　*124*
- 8・4　てこ，輪軸，滑車 ……………………………………… 125
  - 1. てこ　*125*
  - 2. 輪軸　*126*
  - 3. 滑車　*127*
- 8・5　機械の効率 ……………………………………………… 129
  - **演習問題** …………………………………………………… 130

9章　運動量と力積，衝突

- 9・1　運動量と力積 …………………………………………… 131
  - 1. 運動量と力積　*131*
  - 2. 流れと力　*132*
- 9・2　角運動量と角力積 ……………………………………… 134
- 9・3　運動量保存の法則 ……………………………………… 135
- 9・4　衝突 ……………………………………………………… 137
  - 1. 心向き直衝突　*137*
  - 2. 心向き斜め衝突　*139*
  - 3. 偏心衝突　*140*
  - 4. 打撃の中心　*141*
  - **演習問題** …………………………………………………… 143

10章 振動

- 10·1 単振動 ……………………………………………… 145
- 10·2 振子の振動 …………………………………………… 147
    1. 単振子 *147*
    2. 水平振子 *148*
    3. 物理振子 *149*
    4. ねじれ振子 *150*
    5. ばね振子 *151*
- 10·3 減衰振動 ……………………………………………… 153
- 10·4 強制振動 ……………………………………………… 155
    1. 強制振動 *155*
    2. 振動の絶縁 *157*
    演習問題 …………………………………………………… 159

11章 立体的な力のつりあい

- 11·1 力の合成と分解 ……………………………………… 161
    1. 一点に働く力 *161*
    2. 剛体に働く力 *162*
- 11·2 力のつりあい ………………………………………… 164
- 11·3 回転体（ロータ）のつりあい ……………………… 166
    1. 静つりあい *167*
    2. 動つりあい *168*
    演習問題 …………………………………………………… 170

演習問題の解法と解答　*173*
参考図書　*203*
索引　*204*

詳解
工業力学
［第2版］

入江敏博［著］

ギリシア文字

A	α	Alpha	(アルファ)
B	β	Beta	(ベータ)
Γ	γ	Gamma	(ガンマ)
Δ	δ	Delta	(デルタ)
E	ε	Epsilon	(イプシロン)
Z	ζ	Zeta	(ゼータ)
H	η	Eta	(イータ)
Θ	θ	Theta	(シータ)
I	ι	Iota	(イオタ)
K	κ	Kappa	(カッパ)
Λ	λ	Lambda	(ラムダ)
M	μ	Mu	(ミュー)
N	ν	Nu	(ニュー)
Ξ	ξ	Xi	(クシー)
O	o	Omicron	(オミクロン)
Π	π	Pi	(パイ)
P	ρ	Rho	(ロウ)
Σ	σ	Sigma	(シグマ)
T	τ	Tau	(タウ)
Υ	υ	Upsilon	(ウプシロン)
Φ	ϕ	Phi	(ファイ)
X	χ	Chi	(キー)
Ψ	ψ	Psi	(プサイ)
Ω	ω	Omega	(オメガ)

1　一点に働く力

1・1　力と力学

　床におかれた物体を持ち上げたり，ボールを受けとめたり，ばねを伸び縮みさせるなど，物体に働いてその形を変えたり，運動状態を変化させる原因となる働きを**力**（force）という．われわれは毎日，重力，風力，水圧，打撃力など，いろいろな力を経験している．

　力学（mechanics）とは，物体に働く力と，その力によって起こる物体の運動を調べる科学で，**静力学**（statics）と**動力学**（dynamics）とに大別される．簡単なものをつくるのにも力学的な知識が必要であり，エジプトのピラミッドをはじめ古代の遺跡の建築には，かなり高度な知識が応用されたものと思われる．

　力学のうちで，力のつりあいを扱う静力学は，ほとんど紀元前アルキメデス[1]の時代にできあがっており，その後中世を経て，ルネッサンス期のガリレイ[2]，ニュートン[3]にいたって運動を扱う動力学が成立し，およそ力学の体系が完成したといえる．その後，オイラー[4]，ラグランジュ[5]をはじめ，近世の数学者によって，形式の整った近代的な学問体系に発展している．

　したがって，ここでも歴史的な順序に従い，まず1～3章で静力学を取り扱い，ついで4章以下で動力学を取り扱うこととする．

---

[1]　Archimedes（287?～212 B.C.）
[2]　Galileo Galilei（1564～1642）
[3]　Sir Isaac Newton（1643～1727）
[4]　Leonhard Euler（1707～1783）
[5]　Joseph Louis Lagrange（1736～1813）

1·2 力のあらわし方

われわれが日常経験するように,物体に力が働く場合,その作用は,大きさのほか,方向と向き,それに力が働く点によって異なっている.したがって,力を図示するために,図 1·1 のように,力が働く点 O から力の方向にその大きさ F に比例した長さをもつ線分 OA を描き,力の向きに矢印をつけてあらわすこととする.この力が働く点 O を**着力点** (point of application) といい,力の方向を与える直線を**作用線** (line of action) という.

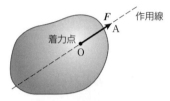

図 1·1 力のあらわし方

力だけでなく,速度,加速度,電界の強さなども,大きさのほか,同時に方向や向きをもっている.このような物理量を**ベクトル** (vector) という.力がベクトル量であることを示すために,普通,肉太文字 $\boldsymbol{F}$ を用いたり,矢印をつけた記号 $\vec{F}$ を用いてあらわし,単に力の大きさだけをあらわすためには,細字 F や絶対値の記号 $|F|$ を用いている.

実際に,物体や機械に力が働く場合,力は一点だけに集中して働くわけではない.たとえば,手で荷物を運ぶ場合でも,道路を自動車が走る場合でも,手と荷物,あるいはタイヤと路面との間に働く力は,接触面に分布して働いている.しかし,物体の大きさに比べて,接触面積が小さいか,分布力を問題としないかぎり,力は一点に集中して働くものと考えておいても,実用上大きい誤りはない.

1·3 力学の単位(国際単位)

わが国では,従来からメートル法が施行されており,工業関係の力学では,国際キログラム原器とよばれる白金 − イリジウム合金体に働く重力を力の単位に用いて,これを 1 キログラム重 (kg-wt) とよぶ,いわゆる重力単位系を用いてきた.しかし,1960 年に国際度量衡総会が**国際単位系** (Le Système International d'Unités, 略称 SI) を採用することを決定して以来,1969 年,これが国際標準化機構 (ISO) にも,また 1972,年日本工業規格 (JIS) にも導入されることが決定するなど,世界をあげて新しい単位系への円滑な移行が図られた.こういった理由

で，本書ではすべて新しい SI の単位を採用している．

SI の単位は基本単位と補助単位，そしてこれらを組み合わせてつくりだされる組立単位から構成される．工業力学の分野で普通用いられる単位を表 1・1 に示す．

表 1・1　工業力学に関する基本的な単位

量	名称	記号	他の単位によるあらわし方 （併用してよい単位）
長さ	メートル (meter)	m	
面積	平方メートル	m^2	
体積	立方メートル	m^3	(L)
角度	ラジアン (radian)	rad	(° ′ ″)
時間	秒 (second)	s	(h, min)
速度，速さ	メートル毎秒	m/s	(km/h)
角速度	ラジアン毎秒	rad/s	
加速度	メートル毎秒毎秒	m/s^2	
角加速度	ラジアン毎秒毎秒	rad/s^2	
質量	キログラム (kilogram)	kg	(t)
密度	キログラム毎立方メートル	kg/m^3	(t/m^3, kg/L)
運動量	キログラムメートル毎秒	kg·m/s	
角運動量 運動量のモーメント	キログラム平方メートル毎秒	$kg·m^2/s$	
慣性モーメント	キログラム平方メートル	$kg·m^2$	
力	ニュートン (Newton)	N	$kg·m/s^2$
力積	ニュートン秒	N·s	kg·m/s
トルク 力のモーメント	ニュートンメートル	N·m	$kg·m^2/s^2$
圧力（応力）	パスカル (Pascal)	Pa	N/m^2
エネルギー，仕事	ジュール (Joule)	J	N·m
動力，仕事率	ワット (Watt)	W	J/s
回転半径	メートル	m	
回転数，回転速さ	回毎秒	1/s	
振動数，周波数	ヘルツ (Hertz)	Hz	1/s (rpm)
角振動数	ラジアン毎秒	rad/s	
周期	秒	s	
波長	メートル	m	
波数	毎メートル	1/m	

日本機械学会：機械工学 SI マニュアル（改訂 2 版），1989．

表1·2 SI接頭語

倍数	接頭語		記号	倍数	接頭語		記号
10^{18}	exa	エクサ	E	10^{-1}	deci	デシ	d
10^{15}	peta	ペタ	P	10^{-2}	centi	センチ	c
10^{12}	tera	テラ	T	10^{-3}	milli	ミリ	m
10^{9}	giga	ギガ	G	10^{-6}	micro	マイクロ	μ
10^{6}	mega	メガ	M	10^{-9}	nano	ナノ	n
10^{3}	kilo	キロ	k	10^{-12}	pico	ピコ	p
10^{2}	hecto	ヘクト	h	10^{-15}	femto	フェムト	f
10	deca	デカ	da	10^{-18}	atto	アト	a

このうち kg, m, s が基本単位, rad が補助単位で, 他はすべて組立単位である. とくに大きいか, 逆に小さい値をもつ量には, 表1·2 に示す 10 の整数乗倍の接頭語を冠した単位を用いている.

重力単位と SI の単位との一つの大きい相違点は, 重力単位系で力の単位として用いていた kgf が SI の単位では質量の単位をあらわすことである. 一定の質量をもつ物体に力が働いて, ある加速度で運動する場合, ニュートンの運動法則 (**5·1** 節) によって

$$力 = 質量 \times 加速度$$

の関係があり, SI の単位では, 1 kg の質量をもつ物体に 1 m/s^2 の加速度を与える力の大きさを 1 N と約束している. すなわち

$$1 \text{ N} = 1 \text{ kg} \times 1 \text{ m/s}^2 = 1 \text{ kg·m/s}^2$$

である. 重力単位系での力の単位を kgf であらわせば, 重力加速度の標準値が $g = 9.80665 \text{ m/s}^2$ であるから, ほぼ

$$1 \text{ kgf} = 9.81 \text{ kg·m/s}^2 = 9.81 \text{ N}$$

あるいはその逆数をとって

$$1 \text{ N} = 0.102 \text{ kgf}$$

の関係がある.

欧米の書籍には, まだ ft-lb 系の単位が用いられているものがあるので, 表 **1·3** に, これから SI の単位への換算表をあげておく.

表1·3 ft-lb 系から SI の単位への変換

量	換算
長さ	1 in = 0.0254 m 1 ft = 0.3048 m
質量	1 lb = 0.4536 kg
力	1 lbf = 4.448 N
力のモーメント	1 lbf·in = 0.1130 N·m 1 lbf·ft = 1.356 N·m
エネルギー, 仕事	1 lbf·ft = 1.356 J
圧力 (応力)	1 lbf/in^2 = 6895 Pa 1 lbf/ft^2 = 47.88 Pa
動力	1 lbf·ft/s = 1.356 W

1·4 力の合成と分解

1. 二つの力の合成

図 1·2(a) のように,ある一点 O に二つの力 F_1 と F_2 が働くときは,O 点にはこの二つの力を 2 辺とする平行四辺形の対角線 OC によってあらわされる力 R が働いたのと同じ効果を生じる.このように,二つの力と同じ働きをする一つの力を求めることを力の合成といい,求められた力を**合力**(resultant force)という.平行四辺形をつくる代わりに,図(b)のように,力 F_2 を平行移動して,F_1 の始点 O から F_2 の先端 C にいたる線分を求めても合力 R が得られる.このようにしてつくられる三角形 OAC を**力の三角形**(force triangle)という.

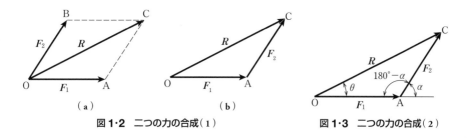

(a)　　　　　　　(b)

図 1·2　二つの力の合成(1)　　　　図 1·3　二つの力の合成(2)

合力 F は作図によらないで,計算によっても求められる.図 1·3 のように,力 F_1 と F_2 の間の角を α とし,F_1 と合力 R の間の角を θ とすれば,三角関数の余弦法則によって

$$R = \sqrt{F_1{}^2 + F_2{}^2 + 2F_1 F_2 \cos\alpha} \tag{1·1}$$

また,正弦法則によって

$$\frac{F_2}{\sin\theta} = \frac{R}{\sin(180°-\alpha)} = \frac{R}{\sin\alpha}$$

であるから,角度 θ は

$$\sin\theta = \frac{F_2}{R}\sin\alpha \tag{1·2}$$

から計算することができる.

〔**例題 1・1**〕 図1・4のように，物体を水平面と20°の角をもつ100 Nの力と，60°の角をもつ200 Nの力で引っ張るときの合力の大きさと方向を求めよ．

〔**解**〕 式(1・1)によって，合力の大きさは

$$R = \sqrt{100^2 + 200^2 + 2 \times 100 \times 200 \cos 40°}$$
$$= 284.0 \text{ N}$$

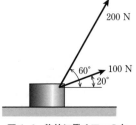

図1・4 物体に働く二つの力

20°の方向の力との間の角度は，式(1・2)により

$$\theta = \sin^{-1}\left(\frac{200}{284} \sin 40°\right) = 26°55'$$

で，水平面に対して46°55′の方向を向いている．

2. 力の分解

合成とは逆に，一つの力は二つ以上の力に分解することができる．そしてこの分解によって得られる力を，もとの力の**分力**（component of force）という．力を分解する場合は，分力の方向を指定しないかぎり，図1・5のように，分解の方法は無数にある．

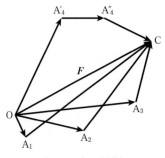

図1・5 力の分解法

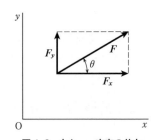

図1・6 力と x, y 方向の分力

力学で最もよく用いられる分力は，図1・6に示す直交座標軸に平行な分力である．この場合，力 F の x, y 軸方向の分力の大きさは

$$F_x = F \cos \theta, \quad F_y = F \sin \theta \tag{1・3}$$

となる．

これとは逆に，直角方向の分力 F_x と F_y が与えられているときは，合力の大き

さと方向は

$$F = \sqrt{F_x^2 + F_y^2}, \quad \tan\theta = \frac{F_y}{F_x} \tag{1·4}$$

によって決定される．θ は F_x と F_y に囲まれる象限内の角度をとればよい．

〔**例題 1·2**〕 水平面に対して 25° の方向をもつ 500 N の力の水平方向と鉛直方向の分力の大きさはいくらか．

〔解〕 各分力の大きさは，それぞれ

$$F_x = 500\cos 25° = 453.0 \text{ N}, \quad F_y = 500\sin 25° = 211.5 \text{ N}$$

である．

〔**例題 1·3**〕 **船を引く力** 大形船を引くのに 20 kN の力が必要とすれば，これを図 1·7 のように二つの方向からロープで引く場合，おのおののロープにはいくらの力が働くか．

〔解〕 求める力の大きさは

$$2F\cos 30° = 20$$

を解いて

$$F = \frac{20}{2\cos 30°} = 11.5 \text{ kN}$$

となる．

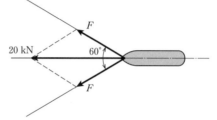

図 1·7 船を引く力

3. 一点に働く多くの力

三つ以上の力が一点に働くときは，図 1·8 のように，一つの力の先端へつぎの力の始点を移し，これをつぎつぎとつないでゆけば，最初の力の始点から最後の力の先端にいたる線分が合力を与える．こうして描かれる多角形を**力の多角形** (force polygon) という．

合力を計算で求めるには，図 1·9 のように力の平面内に任意の直交座標系 $O\text{-}xy$ をとり，おのおのの力 F_i を二つの方向の分力 $F_i\cos\theta_i$ と $F_i\sin\theta_i$ に分解する．図からわかるように，合力 R の分力は各力の分力の和に等しくて

$$\left. \begin{array}{l} R_x = F_1\cos\theta_1 + F_2\cos\theta_2 + \cdots + F_n\cos\theta_n = \sum F_i\cos\theta_i \\ R_y = F_1\sin\theta_1 + F_2\sin\theta_2 + \cdots + F_n\sin\theta_n = \sum F_i\sin\theta_i \end{array} \right\} \tag{1·5}$$

したがって，合力の大きさは

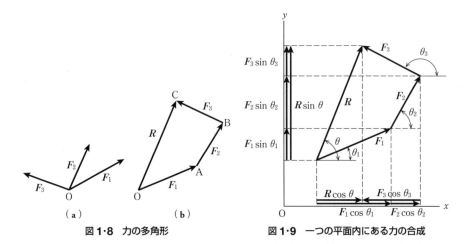

図1・8 力の多角形

図1・9 一つの平面内にある力の合成

$$R = \sqrt{(\sum F_i \cos\theta_i)^2 + (\sum F_i \sin\theta_i)^2} \tag{1・6}$$

で，x 軸との間の角は

$$\tan\theta = \frac{\sum F_i \sin\theta_i}{\sum F_i \cos\theta_i} \tag{1・7}$$

となる．

〔例題 1・4〕 図 1・10 に示す四つの力の合力を求めよ．

〔解〕 以下に示すような表をつくって計算するのが便利でわかりやすい．
　合力の大きさは

$$R = \sqrt{161.6^2 + 315.8^2} = 354.7 \text{ N}$$

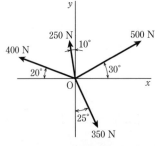

図1・10 一点に働く四つの力

表1・4 四つの力の合成

F_i	θ_i	$F_i \cos\theta_i$	$F_i \sin\theta_i$
500 N	30°	433.0 N	250.0 N
250 N	100°	$-$ 43.4 N	246.2 N
400 N	160°	$-$375.9 N	136.8 N
350 N	295°	147.9 N	$-$317.2 N
計		161.6 N	315.8 N

x 軸との間の角は

$$\theta = \tan^{-1}\frac{315.8}{161.6} = 62°54'$$

である.

1·5 力のつりあい

一点に働く二つ以上の力の合力がゼロとなるときは,力は物体になんの働きもしない.このとき,これらの力は**つりあい**(equilibrium)の状態にあるという.

二つの力がつりあっているときは,その二つの力の大きさは等しくて,方向は反対である.たとえば,図 1·11 のように,床の上におかれた物体には重力 W が働いて床を下方へ押しているが,床はこれと同じ大きさの力 N で物体を押し上げている.その結果,重力と床からの力(反力)がつりあって,物体は静止の状態を保つ.

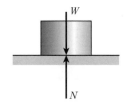

図 1·11 床の上の物体に働く力

三つ以上の力がつりあうときは,その合力はゼロであるから,これらの力によってできる多角形は閉じて図 1·12 のようになる.x, y 軸方向の分力で考えれば,合力の大きさがゼロとなるためには,$R_x = R_y = 0$,したがって

$$\left. \begin{array}{l} \sum F_i \cos\theta_i = 0 \\ \sum F_i \sin\theta_i = 0 \end{array} \right\} \quad (1\cdot8)$$

でなければならない.

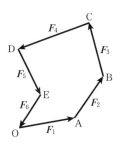

図 1·12 一点に働く力のつりあい

とくに,図 1·13 に示すように三つの力 F_1, F_2, F_3 がつりあうときは,力の三角形 OAB が閉じている必要があり,三角形の内角がそれぞれ $180° - \alpha$,

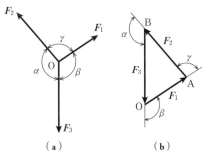

図 1·13 三つの力のつりあい

$180° - \beta$, $180° - \gamma$ であることから，正弦法則によって

$$\frac{F_1}{\sin(180°-\alpha)} = \frac{F_2}{\sin(180°-\beta)} = \frac{F_3}{\sin(180°-\gamma)}$$

したがって，つぎの簡単な関係がある．

$$\frac{F_1}{\sin\alpha} = \frac{F_2}{\sin\beta} = \frac{F_3}{\sin\gamma} \tag{1·9}$$

これを**ラミの定理**（Lami's theorem）という．

〔**例題 1·5**〕 **2本の綱で吊られた物体** 質量 30 kg の物体を，図 **1·14** のように水平面に対して 25° と 35° の綱で吊り下げるとき，おのおのの綱にはいくらの力が働くか．

〔**解**〕 質量 30 kg の物体には $30 \times 9.81 = 294$ N の重力が働く．式 **(1·9)** により

$$\frac{294}{\sin 120°} = \frac{F_1}{\sin 125°} = \frac{F_2}{\sin 115°}$$

したがって，おのおのの綱には

$$F_1 = 294 \times \frac{\sin 125°}{\sin 120°} = 278.0 \text{ N}$$

$$F_2 = 294 \times \frac{\sin 115°}{\sin 120°} = 307.6 \text{ N}$$

の力が働く．

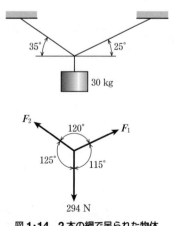

図 1·14 2本の綱で吊られた物体

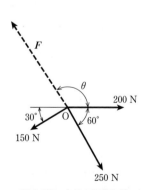

図 1·15 力のつりあわせ

〔例題 1·6〕 力のつりあわせ　一点 O に図 1·15 の実線で示す三つの力が働いている．これにどれだけの力を働かせるとつりあうか．

〔解〕　求める力の大きさを F，x 軸との間の角を θ とすれば，式(1·8)によって

$$200\cos 0° + 150\cos 210° + 250\cos 300° + F\cos\theta = 0$$
$$200\sin 0° + 150\sin 210° + 250\sin 300° + F\sin\theta = 0$$

これより

$$F\cos\theta = -195.1\ \text{N},\quad F\sin\theta = 291.5\ \text{N}$$

したがって，力の大きさは

$$F = \sqrt{(-195.1)^2 + 291.5^2} = 350.8\ \text{N}$$

方向は

$$\theta = \tan^{-1}\left(\frac{291.5}{-195.1}\right) = 123°47'$$

となる．

演習問題

1·1　質量（1）500 g，（2）250 kg，（3）4.8 t の物体に働く重力の大きさはいくらか．

1·2　（1）　1 rad を角度 ° になおすといくらか．
（2）　1° はラジアンであらわすといくらか．
（3）　1 直角の 1/100 をラジアンであらわすといくらか．

1·3　図 1·16（a），（b）に示す五つの力の合力の大きさを求めよ．

1·4　鉛直方向に働く 250 N の力を，水平方向の力と鉛直から 20° の方向の力に分解せよ．

1·5　図 1·17 のように，20 kg の物体を吊った綱を，鉛直と 30° の角度になるまで水平に引っ張った．このと

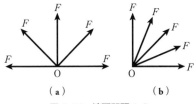

図 1·16　演習問題 1·3

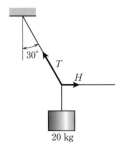

図 1·17　演習問題 1·5

きの綱の張力と水平力の大きさはいくらか．

1·6 図 1·18 のように，中央に物体を吊った綱を，水平面と α の角度になるまで引っ張るとき，綱の張力は物体に働く重力 W の何倍になるか．

1·7 図 1·19 のように，水平と 30° の角度をもつなめらかな斜面におかれた 100 kg の物体を，水平な力で支えるためには，いくらの力が必要か．

1·8 図 1·20 のように，船から 8 m の高さにある岸壁から船を 20° の角度で引っ張ったとき，800 N の力が必要であった．船に働く抵抗力の大きさはいくらか．岸壁からの距離によって，船を引くための力はどのように変わるか．

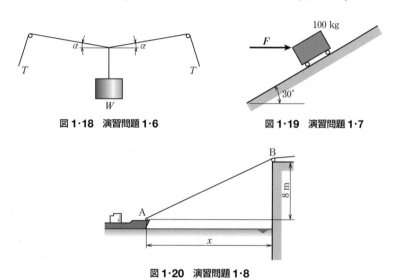

図 1·18　演習問題 1·6　　　図 1·19　演習問題 1·7

図 1·20　演習問題 1·8

2
剛体に働く力

物体に外から力を加えても,物体内の点が互いにその位置を変えないとき,これを**剛体**(rigid body)という.どんな物体でも力を加えれば多少の変形をするが,その変形が物体の運動や大きさに比べて小さいときは,これを剛体と考えて差し支えない.剛体に働く力を考える場合は,力の大きさと向きのほかに,力が作用する着力点と,この点を通る作用線が問題となる.力はその大きさと向きを変えないかぎり,着力点を作用線上のどこへ移してもその効果に変わりはない.

2・1　二つの力の合成

1. 平行でない力

図 2・1 のように,物体上の二つの点 A, B に力 F_1, F_2 が働く場合,その合力は,これらの力を作用線の交点 C まで移動し,そこで合成すればよい.力 R がこの場合の合力で,その着力点は,C 点を通る作用線上のどこにとってもよい.

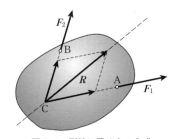

図 2・1　剛体に働く力の合成

2. 平行な力

力 F_1, F_2 が互いに平行な場合は作用線の交点が求められない.この場合は,図 2・2 のように,これらの力の着力点 A, B に大きさが等しくて,向きが反対な一組の力 $-F', F'$ 加えて考える.この一組の力はもともとつりあっているので,これらの力を加えても全体の効果に変わりはない.そこで,まず F_1 と $-F'$,F_2 と F' の合力 F_1' と F_2' をつくり,つぎに,これらの力をその作用線上で交点 O まで移

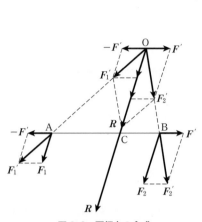
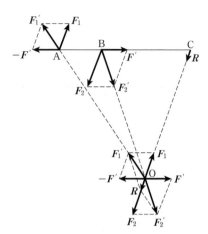

図 2・2 平行力の合成　　　　図 2・3 反対の向きをもつ平行力の合成

動させて，この点で二つの力を合成すれば，その合力 R は与えられた平行力 F_1，F_2 の合力となる．この場合，R は F_1，F_2 に平行で，その大きさは二つの力の大きさの和に等しく

$$R = F_1 + F_2 \tag{2・1}$$

である．図 2・2 のように，力 R をその作用線上を線分 AB 上の点 C まで移動させるとき，三角形の相似法則によって

$$\frac{\overline{\mathrm{AC}}}{\overline{\mathrm{OC}}} = \frac{F'}{F_1}, \quad \frac{\overline{\mathrm{BC}}}{\overline{\mathrm{OC}}} = \frac{F'}{F_2}$$

これから

$$\frac{\overline{\mathrm{AC}}}{\overline{\mathrm{BC}}} = \frac{F'/F_1}{F'/F_2} = \frac{F_2}{F_1} \tag{2・2}$$

で，C 点は線分 AB を二つの力の大きさの逆比に内分する点となる．

平行力 F_1 と F_2 の向きが反対のときも，図 2・3 のように，同じ向きの場合と同様な方法で合成することができる．この場合，合力の大きさは二つの力の大きさの差に等しく，作用線は線分 AB を力の大きさの逆比に外分する点を通る．

以上に述べた二つの力はいずれも同一平面内にある力で，立体的な力は平行でなくても互いに交わることはない．立体力の取扱いについては，**11** 章で述べる．

2·2 力のモーメント

1. 力のモーメント

ボルトをスパナで締めつける場合，図 2·4 のようにスパナに力 F を加えると，ボルトは右まわり（時計まわり）に回転する．このとき，力の大きさとボルトの中心線から力までの距離 l が大きいほど，ボルトを締めつける働きは大きい．このように，物体をある軸のまわりに回転させようとする力の働きを力の**モーメント**（moment）といい，その大きさは

$$M = Fl \tag{2·3}$$

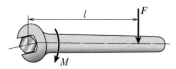

図 2·4 ボルトを締めつけるスパナ

で与えられる．この l のことをモーメントの**腕**（arm）という．ボルトの中心線から近い距離の点に大きい力を加えても，逆に遠い距離の点に小さい力を加えても，モーメントの値が等しければ，ボルトを締めつける働きに変わりはない．

力のモーメントは，物体を回転させようとする方向によって正負の符号を考える．普通，反時計方向に回転させようとするモーメントを正，これと反対に時計方向に回転させようとするモーメントを負にとっている．力を N, 腕の長さを m であらわすと，力のモーメントは N·m の単位で測られる．

また，機械の用語として，車や軸を回転させるモーメントを**トルク**（torque）とよんでいる．

2. モーメントの合成

図 2·5 に示す A 点に働く二つの力 F_1 と F_2 による O 点まわりのモーメントを考える．O 点と A 点間の距離を a とし，おのおのの力と直線 OA との間の角をそれぞれ θ_1, θ_2 とすれば，各力の O 点まわりのモーメントの腕は

$$l_1 = a \sin \theta_1, \quad l_2 = a \sin \theta_2$$

モーメントの大きさは

$$M_1 = F_1 l_1 = F_1 a \sin \theta_1,$$

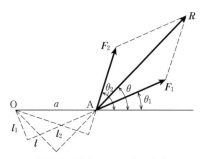

図 2·5 力のモーメントの合成

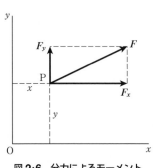
図2·6 分力によるモーメント

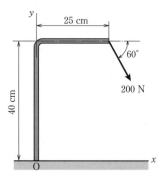
図2·7 L形パイプに働くモーメント

$$M_2 = F_2 l_2 = F_2 a \sin \theta_2$$

で，その和は

$$M_1 + M_2 = (F_1 \sin \theta_1 + F_2 \sin \theta_2) a$$
$$= R a \sin \theta \tag{2·4}$$

となる．R は二つの力 F_1 と F_2 の合力 R の大きさで，θ はこの合力と直線 OA との間の角度をあらわす．$l = a \sin \theta$ は力 R のモーメントの腕に等しいから，式 (2·4) の右辺は O 点まわりの合力のモーメントを与えることとなる．したがって

<u>ある一点のまわりの二つの力のモーメントの和は，その点に関する合力のモーメントに等しい</u>．

一つの平面内に働く二つ以上の力のある一点のまわりのモーメントの和も，これと同様で，その点に関する合力のモーメントに等しい．これを**バリニオン*の定理**(Varignon's theorem) という．

図 2·6 のように，xy 平面内の一点 $\mathrm{P}(x, y)$ に力 F が働く場合，原点のまわりのモーメントは分力 F_x と F_y によるモーメントを代数的に加え合わせて

$$M = F_y x - F_x y \tag{2·5}$$

となる．この図の場合，力 F_y によるモーメントは反時計まわりで正，F_x によるモーメントは時計まわりで負の値をもっている．

〔例題 2·1〕 **L形パイプに働くモーメント** 図 2·7 のように L 字形に湾曲したパイプの先端に 200 N の力が働くとき，O 点まわりの力のモーメントはいくらか．

---

* Varignon (1654 〜 1722)

〔解〕 図のように座標軸をとれば，着力点の位置は $x=25$ cm, $y=40$ cm で，分力の大きさは

$$F_x = 200 \cos 60° = 100 \text{ N}$$
$$F_y = 200 \sin 60° = 173.2 \text{ N}$$

である．式(2·5)により，O点まわりに

$$M = -F_y x - F_x y = -173.2 \times 0.25 - 100 \times 0.40 = -83.3 \text{ N·m}$$

の時計まわりのモーメントが働く．

2·3 偶力

1. 偶力

大きさが等しくて，向きが反対な二つの平行力は，一つの力に合成することができない．このような一組の力を**偶力**（couple）という．両手でハンドルを回すときの力や，ボートをひっくり返す力はすべて偶力である．図 2·8 に示す一組の偶力による O 点のまわりのモーメントは

$$M = F(a+l) - Fa = Fl \tag{2·6}$$

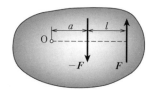

図 2·8 偶力のモーメント

で，O点の位置には関係なく，力の大きさ F と二つの力の間の距離 l だけで決まる．これを偶力のモーメントといい，長さ l を偶力の腕という．偶力のモーメントについても，普通，反時計まわりを正，これと反対の時計まわりを負と約束している．

偶力は物体を回転させる作用をもつだけで，物体を移動させる働きはもっていない．平行な二つの力の大きさが変わっても，力と腕の長さの積が一定であるかぎり，図 2·9 のように，偶力をその作用する平面上でどこへ移しても，また，図

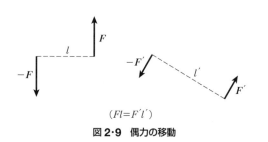

図 2·9 偶力の移動

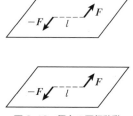

図 2·10 偶力の平行移動

2·10のように一つの平面内だけでなく，これと平行な他の平面に移しても，偶力の働きに変わりはない．

2. 力の移動と変換

ボルトをスパナで締めつける力の働きをもう一度考えてみよう．図2·11(a)のように，ボルトの中心線にスパナ上のA点に働く力Fと大きさが等しく，互いに向きが反対の一組の平行力F，$-F$を加えてみる．この一組の力の合力はゼロなので，スパナにはA点に働く力F以外の力を加えたことにはならない．この場合，A点に働く力Fとボルトの中心線に働く力$-F$によって大きさFlのモーメントを生じるので，A点に力Fが働いた結果，図(b)のように，ボルトには力Fと大きさFlのモーメントを加えたと同じ効果を生じる．

このように，力Fをlだけ平行移動させる場合，物体に与える作用を変えないためには，移動した点に，この力のほかに大きさFlのモーメントを加えればよいことがわかる．

図2·12のように，歯車の半径Rのピッチ円上の点に力Fが働くとき，軸受にこれと同じ力が働くと同時に，歯車に大きさFRのモーメントをもった偶力が働く．そして，このモーメントが歯車を回転させるトルクとなる．

以上とは逆に，力とモーメントを合成して，一つの力でおきかえることもできる．いま，図2·13(a)のように，A点に力Fと大

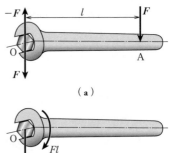

図2·11 ボルトを締めつけるスパナ

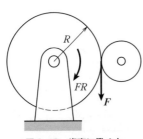

図2·12 歯車に働く力

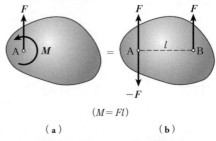

($M = Fl$)

図2·13 力とモーメントのおきかえ

きさ M のモーメントが働くとき，図(b)のように，力 F と同じ大きさをもつ偶力 $-F$, F を物体に作用させ，この偶力によるモーメントが与えられたモーメントの大きさ $M=Fl$ に等しくなるようにする．その結果，A 点に働く一組の力 F, $-F$ は相殺されて，A 点に与えられた力とモーメントは，B 点に働く一つの力 F と同等の働きをすることとなる．

〔**例題 2・2**〕 **偶力の変換** 図 2・14(a) に示す物体に働く二組の偶力を，二点 A, B に働く一組の等価な偶力におきなおせ．

〔**解**〕 与えられた二組の偶力によるモーメントは，反時計まわりに

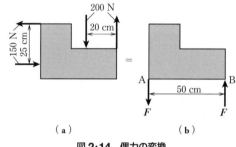

図 2・14 偶力の変換

$$200 \times 0.20 + 150 \times 0.25 = 77.5 \text{ N·m}$$

の大きさをもつ．これを A, B 点に働く一組の偶力 F でおきかえるときは

$$F \times 0.50 = 77.5$$

より $F = 155.0$ N となる．

2・4 剛体に働く力の合成とつりあい

剛体に働くいくつかの力を合成する場合，それらの合力の大きさと方向のほか，作用線の位置をも決定する必要がある．そのためには，つぎのような計算による方法と，作図による方法の二つがある．

1. 力の合成（計算による方法）

一つの平面内に働くいくつかの力を合成する．図 2・15 のように座標軸をとり，力 F_i の着力点 P_i の座標を (x_i, y_i) とし，この力と x 軸との間の角を θ_i とする．

前節で述べたように，物体に働く力 F_i の作

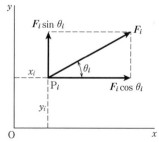

図 2・15 分力によるモーメント

用は，O点において x, y 軸方向に働く $F_i \cos\theta_i$, $F_i \sin\theta_i$ の分力と，大きさ $M_i = (F_i \sin\theta_i)x_i - (F_i \cos\theta_i)y_i$ のモーメントでおきかえられる．その結果，原点Oには，大きさ

$$R = \sqrt{(\sum F_i \cos\theta_i)^2 + (\sum F_i \sin\theta_i)^2} \tag{2・7}$$

で，x 軸との間の角度が

$$\tan\theta = \frac{\sum F_i \sin\theta_i}{\sum F_i \cos\theta_i} \tag{2・8}$$

の合力と，O点まわりの

$$M = Rl = \sum F_i(x_i \sin\theta_i - y_i \cos\theta_i) \tag{2・9}$$

のモーメントが働く．この式の l はO点に関する合力 R の腕の長さで，その値がわかると，合力の作用線が決定する．

〔**例題 2・3**〕 図 2・16 に示す正三角形の頂点に働く三つの力の合力を求めよ．
〔解〕 図のように座標軸をとる．この場合も，つぎのような表によって計算するのが便利である．

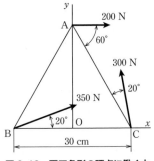

図 2・16　正三角形の頂点に働く力

表 2・1　三つの力の合成

i	F_i	θ_i	$F_i \cos\theta_i$	$F_i \sin\theta_i$	$(F_i \sin\theta_i)x_i - (F_i \cos\theta_i)y_i$
1 (A)	200 N	0°	200.0 N	0 N	$0 \times 0 - 200 \times 0.26 = -52$ N·m
2 (B)	350 N	20°	329.0 N	119.7 N	$119.7 \times (-0.15) - 329.0 \times 0 = -18.0$ N·m
3 (C)	300 N	100°	-52.2 N	295.5 N	$295.5 \times 0.15 - (-52.2) \times 0 = 44.3$ N·m
合　計			476.8 N	415.2 N	$M = -25.7$ N·m

したがって，合力の大きさは

$$R = \sqrt{476.8^2 + 415.2^2} = 632.2 \text{ N}$$

x 軸との間の角度は

$$\theta = \tan^{-1}\frac{415.2}{476.8} = 41°03'$$

である．式(2·9)によりO点まわりのモーメントの腕は

$$l = \frac{M}{R} = \frac{-26}{632.2} = -0.041 \text{ m}$$

したがって，合力の作用線はO点より4.1 cmの距離にあり，正三角形を時計まわりに回転させる向きに働く．

2. 力の合成（図式解法）

図2·17(a)に示す同一平面上にある四つの力 F_1, F_2, F_3, F_4 を例にとって考えてみよう．まず，図のように，四つの力で分けられる領域に記号 a, b, c, … をつけ，二つの領域の境界となっている力 F_1, F_2, F_3, F_4 をそれぞれ $\overrightarrow{ab}, \overrightarrow{bc}, \overrightarrow{cd}, \overrightarrow{de}$ であらわす．このような記号をつける方法を**バウの記号法**（Bow's notation）といい，ベクトル図を描くときの混乱を避けるためによく用いられる．この場合，図(b)のように $\overrightarrow{ab}, \overrightarrow{bc}, \overrightarrow{cd}, \overrightarrow{de}$ を順に加えたベクトル和 $\overrightarrow{ae}$ が合力 R の大きさと方向を与える．このようにしてつくられる力の多角形を**示力図**（force diagram）という．

合力の作用線を求めるには，まず，これらの力と同じ平面内にある任意の一点Oを選び，この点と示力図の多角形の各頂点とを結ぶ．ついで，図(a)のように，力 F_1 上の任意の点1から領域b上で線分Obに平行線を引き，力 F_2 の作用線との交点を2とする．つぎに，点2から領域c上で線分Ocに平行線を引いて力 F_3 との交点3を求め，同じ手順で力 F_4 上に点4を求める．こうして求められた点1と4から，それぞれ線分OaとOeに平行な2本の直線を引いて，その交点5を求めれ

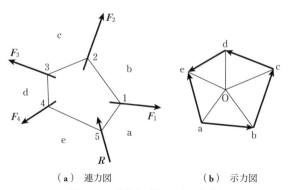

　　　（a）連力図　　　　　　（b）示力図
図2·17　着力点が異なる力の合成

ば，この点が合力 R の作用線上の点となる．

その理由はつぎのように説明できる．図2・17(b)からわかるように，$F_1, F_2, F_3,$ F_4 のおのおのの力は，それぞれ $\vec{aO}$ と $\vec{Ob}$，$\vec{bO}$ と $\vec{Oc}$，$\vec{cO}$ と $\vec{Od}$，$\vec{dO}$ と $\vec{Oe}$ の各分力を合成して得られ，全体の合力 R はこれらすべての分力を合成して得られる．しかし，これらの分力のなかには，$\vec{Ob}$ と $\vec{bO}$ のように大きさが等しく，向きが反対な力があるので，合力 R は残った力 $\vec{aO}$ と $\vec{Oe}$ を合成して得られることとなる．この場合，力 $\vec{aO}$ の作用線は 1-5，$\vec{Oe}$ の作用線は 4-5 であるから，直線 1-5 と 4-5 との交点 5 が合力の作用線上の点となる．このように，点 1, 2, 3, 4, 5 を結んでできる多角形を**連力図**（funicular diagram）という．

〔例題 2・4〕 **平行力の合成** 図2・18(a)に示す四つの平行力を合成せよ．

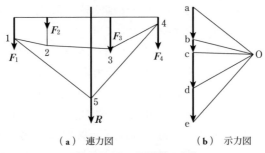

(a) 連力図　　　(b) 示力図

図2・18　四つの平行力の合成

〔解〕 力がすべて平行なときは，示力図は図(b)のように，おのおのの力をすべて連ねた直線となる．上記の方法によって得られる合力 R は点 5 を通り，四つの力の代数和に等しい大きさをもち，これらと平行な力である．

3. 剛体のつりあい

一点に働く力がつりあうためには，単にその合力の大きさがゼロであればよいが，剛体に働く力の場合には，このほか，力によるモーメントの働きも考慮に入れなければならない．したがって，剛体が完全につりあうためには，これに働く合力とモーメントがともにゼロで

$$\sum F_i \cos \theta_i = 0, \quad \sum F_i \sin \theta_i = 0$$

$$\sum F_i(x_i \sin\theta_i - y_i \cos\theta_i) = 0 \qquad (2\cdot10)$$

が成り立たなければならない.

したがって，剛体に働く二つの力がつりあうのは，大きさが等しく向きが反対であるだけでなく，その作用線が同一直線上にあるときであり，また，三つの力がつりあうのは，その合力がゼロで，作用線が一点で交わるときである．

2·5 支点と反力

1. 反力

二つの物体が接触しているとき，一方の物体 A が他方の物体 B を押すと，作用・反作用の法則（ニュートンの第三法則）によって，A は B から同じ大きさの力で押し返される．この反作用による力を**反力**（reaction force）という．

二つの物体の接触面がなめらかであれば，反力は面に垂直な方向に働くが，実際には完全になめらかな接触面はなく，接触面に沿って摩擦力が働くので，反力は面に斜めの方向に働く．摩擦の問題は 7 章で取り扱うこととして，この節では摩擦のないなめらかな接触面に働く反力について考える．潤滑が十分な面や，ピンに大きい力が働くつりあいの問題などでは，この仮定のもとで得られた計算結果が十分な実用性をもつ場合が多い．

〔例題 2·5〕 **壁に接して吊られた円柱** 図 2·19 のように，質量 m，半径 R の円柱がなめらかな壁に接して 2 本のロープで吊られている．壁の反力とロープに働く張力はいくらか．ロープの角度 2α が変わると，力の大きさはどうなるか．

〔解〕 円柱に働く重力 mg と壁の反力 N，および 2 本のロープに働く張力 T は互いにつりあいを保つ．したがって

$$T \sin 2\alpha = N, \quad T + T\cos 2\alpha = mg \qquad (\mathrm{a})$$

で，円柱の半径には関係なく

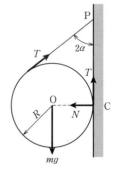

図 2·19 壁に接して吊られた円柱

$$T = \frac{mg}{1+\cos 2\alpha} = \frac{mg}{2\cos^2 \alpha}$$

$$N = \frac{\sin 2\alpha}{1+\cos 2\alpha} mg = mg \tan \alpha \qquad \text{(b)}$$

となる．ロープが長くて角度 2α が小さいときは，反力も小さく，$T \fallingdotseq (1/2)mg$ であるが，ロープが短くなって角度が大きくなると，これらの力は際限なく増加することに注意しなくてはならない．

〔例題 2･6〕 **箱に詰められた 2 個の円管** 外径 20 cm，質量 40 kg のなめらかな 2 個の円管を，図 2･20（a）のように，内幅 38 cm の箱のなかに入れた．各接触線に働く力はいくらか．

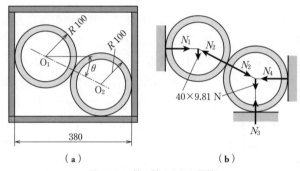

図 2･20 箱に詰められた円管

〔解〕 図（b）のように，各接触線に働く反力を，それぞれ N_1, N_2, N_3, N_4 とし，二つの円管の中心を結ぶ直線と水平面との間の角を θ とすれば，おのおのの円柱に働く力のつりあいより

$$N_1 - N_2 \cos \theta = 0, \quad N_2 \sin \theta - 40 \times 9.81 = 0$$

$$N_2 \cos \theta - N_4 = 0, \quad N_3 - N_2 \sin \theta - 40 \times 9.81 = 0$$

この場合

$$\cos \theta = \frac{380 - 2 \times 100}{2 \times 100} = 0.90, \quad \theta = 25°51'$$

であるから，上の式を解いて

$$N_1 = N_4 = 895 \cos 25°51' = 805.5 \text{ N}$$

$$N_2 = \frac{40 \times 9.81}{\sin 25°51'} = 900.0 \text{ N}$$

$$N_3 = 2 \times 40 \times 9.81 = 784.8 \text{ N}$$

となる．

2. 支点

物体を支え，その運動を拘束する支点には，普通，図 2·21 に示す 3 種類のものがある．図 (a) のように，一定の方向への移動可能な支点を移動支点といい，この場合，反力 R は面に垂直な方向を向いている．図 (b) のように，回転だけが自由なものを回転支点といい，反力は支点の中心を通り，面に斜めの方向を向いている．これに対して，図 (c) のように，移動も回転もできない支点を固定支点といい，この場合は，反力だけでなく，モーメント M の反作用も生じる．

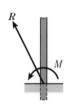

(a) 移動支点　(b) 回転支点　(c) 固定支点

図 2·21　支点の種類

〔**例題 2·7**〕 **はりの反力**　図 2·22 に示す両端で支えられたはりに，大きさ F_1, F_2 の二つの力が働く．はりに働く重力は無視できるものとして，両支点に働く反力を求めよ．

〔解〕　両支点に働く反力の大きさをそれぞれ R_A, R_B とすれば，鉛直方向の力のつりあいと，A 点まわりのモーメントのつりあいより

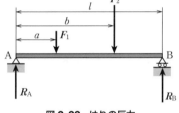

図 2·22　はりの反力

$$R_A + R_B = F_1 + F_2, \quad R_B l = F_1 a + F_2 b \tag{a}$$

この式を解いて，各支点の反力はつぎのように求められる．

$$\left. \begin{array}{l} R_A = \dfrac{1}{l}[(l-a)F_1 + (l-b)F_2] \\[2mm] R_B = \dfrac{1}{l}(aF_1 + bF_2) \end{array} \right\} \tag{b}$$

〔**例題 2·8**〕 **ロープで支えられるはり**　図 2·23 のように，一端 A が回転支持された軽いはりの他端 B をロープで吊って，水平に支えている．このはりの C 点に質量 m の物体を吊ると，ロープと支点にいくらの力が働くか．

〔解〕 ロープの張力を T とし，支点に働く反力の水平成分と鉛直成分をそれぞれ H, V とすれば，はりに働く力のつりあいより

$$\left.\begin{array}{l} H = T\cos\alpha \\ V + T\sin\alpha = mg \end{array}\right\} \quad (\mathbf{a})$$

また，支点のまわりのモーメントのつりあいより

$$Tl\sin\alpha = mga \quad (\mathbf{b})$$

で，これからただちに

$$T = \frac{a}{l\sin\alpha}mg \quad (\mathbf{c})$$

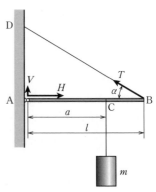

図 2·23 ロープで支えられるはり

が得られる．支点に働く反力の成分は，式 (**a**) によって

$$H = \frac{a}{l\tan\alpha}mg, \quad V = \left(1 - \frac{a}{l}\right)mg \quad (\mathbf{d})$$

したがって，その大きさは

$$R = \sqrt{H^2 + V^2} = \sqrt{\left(1 - \frac{a}{l}\right)^2 + \left(\frac{a}{l}\cot\alpha\right)^2}\, mg \quad (\mathbf{e})$$

となる．

〔例題 2·9〕 **ばねで支えられたドラム** 図 2·24 のように，回転をばねで支えられたドラム（半径 $R = 15$ cm）に固定された軽い水平棒（長さ $l = 15$ cm）の先端に，質量 $m = 10$ kg の物体を吊ると，この棒はどの位置でつりあうか．このばね

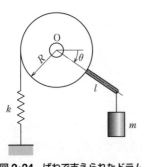

図 2·24 ばねで支えられたドラム

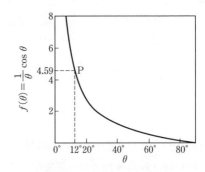

図 2·25 $f(\theta) = \dfrac{1}{\theta}\cos\theta$ 曲線

を 1 m だけ伸ばすのに必要な力（ばね定数）を $k=6$ kN/m として，物体を吊ったときのドラムの回転角を求めよ．

〔解〕 ドラムの回転角を θ とすれば，ばねの伸びは $R\theta$ で，ばねの変形によって $kR\theta$ の復原力が生じる．ドラムに働くこの復原力のモーメント $kR\theta \cdot R$ と，棒の先端の物体に働く重力によるモーメント $mg(l+R)\cos\theta$ のつりあいから

$$kR^2\theta = mg(l+R)\cos\theta \tag{a}$$

が得られる．この式を変形したのち，与えられた数値を入れると

$$\frac{1}{\theta}\cos\theta = \frac{kR^2}{mg(l+R)} = \frac{6000 \times 0.15^2}{10 \times 9.81 \times 0.30} = 4.59 \tag{b}$$

この式は θ の超越方程式で，数値計算をしないと θ の値が求められない．あるいは，図 **2·25** のように，関数 $f(\theta) = (1/\theta)\cos\theta$ の曲線を描いておけば，$f(\theta) = 4.59$ となる θ の値（図の P 点）を図上から読み取って，$\theta = 12°$ を求めることができる．

2·6　トラス

鉄塔，クレーン，橋りょうなどの構造物は多数の棒状の**部材**（member）を組み立ててつくられている．このような構造物を**骨組構造**（framework）という．そのうちで，各部材がピンで結合されているものをトラス（truss）といい，各結合点を**節点**（joint）とよんでいる．

なめらかなピン結合には回転に対して抵抗力が働かないから，部材が節点におよぼす力はモーメントがなくてピンの中心を通る．したがって，逆に各部材が節点から受ける力も，これと同様にピンの中心を通る．

部材に外力が働かないときは，部材の両端の節点に働く力はつりあっているので，この二つの力は両端のピンの中心と中心とを結ぶ直線を作用線とし，大きさが等しく，互いに方向が反対な一組の**内力**（internal force）となる．このようにして，トラスのすべての部材には，各節点を通して引張力か圧縮力かのどちらかが働く．引張力を受ける部材を引張材，圧縮力を受ける部材を圧縮材という．

部材にはすべて質量に比例する重力が働くが，通常，重力は部材に働く力に比べて小さいので，ここでは考慮に入れない．

トラスの各部材に働く力を求めるために，普通つぎの三つの方法が用いられる．

1. 節点法

節点法は，まずトラスに働く外力や反力を求め，ついで各節点ごとに力のつりあい式を解いて，おのおのの部材に働く力を求める方法である．一つの節点に三つ以上の未知の力が働く場合は，この方法でその力を求めることができない．このときは，未知力が二つ以内の解法が可能な節点から解きはじめて，部材に働く力を順次計算してゆけばよい．各節点での力のつりあい式を書く際，部材に働く力の向きがわからないときは，部材にはすべて引張力が働くと仮定しておいて，力の値が負となったとき，その部材に圧縮力が働いていると考えればよい．

この方法で，つぎの例題を解いてみよう．

〔**例題 2·10**〕 **片持式トラス** 図 2·26(a)に示す片持式トラスに働く支点の反力と各部材に生じる内力を求めよ．

〔**解**〕 固定支点 A には，水平と鉛直方向の反力 X_A, Y_A が働くが，移動支点 B には水平反力 X_B しか働かない．まず，トラスに働く荷重と支点反力のつりあいによって $X_A = -X_B$，$Y_A = 4.0$ kN，A 点のまわりのモーメントのつりあいによって $X_B = 2.0 \times 1 + 2.0 \times 2 = 6.0$ kN が得られる．

トラスの各部材に働く力を求めるために，各節点に働く外力と部材内力〔図(b)参照〕のつりあい式を，各節点ごとに列記すれば

節点 A：
$$F_{AC} + F_{AD} \cos \alpha - 6.0 = 0$$
$$-F_{AB} - F_{AD} \sin \alpha + 4.0 = 0$$

節点 B：
$$F_{BD} \cos \alpha + 6.0 = 0, \quad F_{AB} + F_{BD} \sin \alpha = 0$$

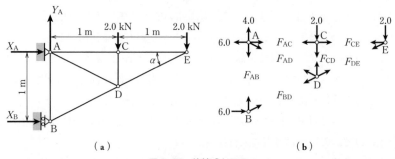

図 2·26 片持式トラス

節点 C：
$$-F_{AC} + F_{CE} = 0, \quad -F_{CD} - 2.0 = 0$$

節点 D：
$$-F_{AD}\cos\alpha - F_{BD}\cos\alpha + F_{DE}\cos\alpha = 0$$
$$F_{AD}\sin\alpha - F_{BD}\sin\alpha + F_{CD} + F_{DE}\sin\alpha = 0$$

節点 E：
$$-F_{CE} - F_{DE}\cos\alpha = 0, \quad -F_{DE}\sin\alpha - 2.0 = 0$$

ここで，$\alpha = \tan^{-1}(1/2) = 27°$ で，$\cos\alpha = 2/\sqrt{5}$，$\sin\alpha = 1/\sqrt{5}$ である．これらの式の未知力を順次解くことによって，各部材内力が決定する．すなわち

$$F_{AB} = 6.0 \tan\alpha = 3.0 \text{ kN}$$

$$F_{AC} = F_{CE} = \frac{2.0}{\tan\alpha} = 4.0 \text{ kN}$$

$$F_{AD} = \frac{6.0}{\cos\alpha} - \frac{2.0}{\sin\alpha} = 2.24 \text{ kN}$$

$$F_{BD} = -\frac{6.0}{\cos\alpha} = -6.71 \text{ kN}$$

$$F_{CD} = -2.0 \text{ kN}, \quad F_{DE} = -\frac{2.0}{\sin\alpha} = -4.47 \text{ kN}$$

となって，上側と基部の部材 AB，AC，CE と内部の AD には引張力が働き，下側の部材 BD，DE と鉛直部材 CD には圧縮力が働く．

この計算からわかるように，トラスの部材に働く重力を考えに入れないかぎり，支点に働く反力や部材内力に部材の長さは関係しない．

2. 切断法

トラスのある特別の部材に働く力だけを求めたいときは，切断法を用いたほうが簡単である．この方法は，各節点における力のつりあい式を一つ一つ解いてゆくのではなくて，求めようとする部材を切断する仮想面を考え，この面に働く部材の力をトラスに作用する力のつりあいの問題として解く方法である．トラスを切断する際には，未知の力が三つ以内であることが必要である．

〔例題 2·11〕 **屋根トラス** 図 2·27 に示す対称な屋根トラスの部材 DE に働く力

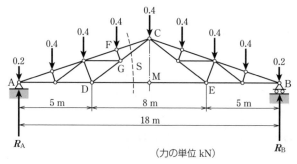

図 2·27 屋根トラス

を求めよ．

〔解〕 図に示す仮想面 S で三つの部材を切断したものと考えて，この切断面から左端までのトラスのつりあいを考える．中央の部材 DE に働く力だけを求めるには，節点 C のまわりのモーメントのつりあいのみを考えれば十分である．この場合，両支点に働く反力の大きさは

$$R_A = R_B = \frac{1}{2}(2 \times 0.2 + 7 \times 0.4) = 1.6 \text{ kN}$$

節点 C の高さは $\overline{CM} = \sqrt{5^2 - 4^2} = 3$ m で，部材 CF，CG に働く力は C 点に関してモーメントをもたないから

$$F_{DE} \times 3 - (1.6 - 0.2) \times 9 + 0.4 \times \frac{3}{4} \times 9 + 0.4 \times \frac{2}{4} \times 9 + 0.4 \times \frac{1}{4} \times 9 = 0$$

の関係がある．そして，これから

$$F_{DE} = 2.4 \text{ kN}$$

が得られる．

3. 図式解法

トラスの部材に働く力を求めるために，**クレモナ*の図式解法**（Cremona graphical method）がしばしば用いられる．これはトラスの各節点に働く力がいずれもつりあっており，その示力図が閉じることを利用して，未知の部材力を順次求めてゆく方法である．示力図を描くには，未知の力が二つしかない節点からはじめ

---

* Luigi Cremona（1830 〜 1903）

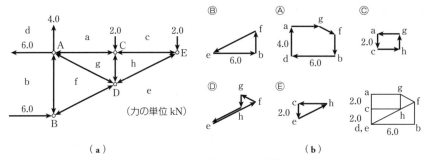

図 2·28 片持式トラスの図式解法

なければならない.

　例題 2·10 のトラスについて，この方法によって，もう一度部材に働く力を求めてみよう.

　まず，2·4 節で述べたバウの記号法によって，図 2·28(a)のように，反力も含めた外力の作用線とトラスの部材によって分けられる領域に記号 a, b, … をつける．この場合，ベクトル $\overrightarrow{ac}$, $\overrightarrow{ce}$ はトラスに働く外力，ベクトル $\overrightarrow{bd}$, $\overrightarrow{da}$ および $\overrightarrow{eb}$ はそれぞれ支点 A，B における反力をあらわす．各部材内力についても，これと同様にあらわされる．ついで，各節点に働く力のつりあいより，図(b)に示す示力図を順に描いてゆけばよいが，この場合，節点 A には三つの未知力が働くので，節点 B からはじめる．各節点における力を示力図に描く際，節点を中心として時計まわりか反時計まわりか，いずれか一定の向きに従って描くのがよい.

　節点 B の場合，図(b)のように，まずわかっている反力を力のベクトル $\overrightarrow{eb}$ で描き，ついで時計まわりに部材 AB に働く力のベクトル $\overrightarrow{bf}$，部材 BD の力のベクトル $\overrightarrow{fe}$ で示力図が閉じるように描く．部材 AB と BD に働く内力の大きさは力の単位の長さを用いて測られる.

　同様にして，求められた部材の内力を順次用いながら，他の節点の示力図をつくってゆけばよい．その結果を，右下端の図のように一つにまとめて描いておくと，トラス全体のつりあいが正しく理解できて便利である．なお，この場合，図(a)のように，あらかじめ力の向きを示す矢印を描き入れておくと，部材に働く力が引張力か，圧縮力かが容易に判定できる.

演習問題

2・1 図2・29(a), (b)に示す平行力の合力の大きさと着力点の位置を求めよ.

2・2 図2・30に示す四つの力の合力を求めよ.

2・3 図2・31に示す曲がりばりの先端に, 大きさ800 Nの力が鉛直方向に働くとき, はりの基部のモーメントはいくらか. この力が鉛直線と45°の方向に外側に働くときはどうか.

2・4 一辺の長さがaの正方形の各頂点に, 図2・32のように辺と45°の角度の力Fが働くとき, 正方形の中心のまわりのモーメントはいくらか.

2・5 50 kgの2個のなめらかな円管を, 図2・33のように壁と斜面で支えるとき, 各接触線に働く反力はいくらか.

2・6 図2・34に示す張出ばりの各支点の反力はいくらか.

2・7 図2・35に示すクレーンで3 tの物体を吊り上げるとき, ロープにいくらの張力が働くか. このときのA支点の反力はいくらか.

2・8 質量mの物体を吊ったドラムに固定された水平な棒の先端に, 図2・36のように質量m'の他の物体を吊ると, ドラムはどの位置でつりあうか.

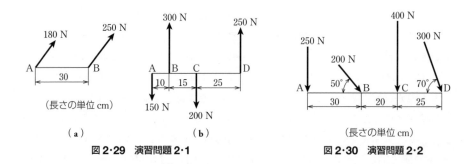

図2・29 演習問題2・1 　　　図2・30 演習問題2・2

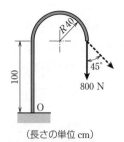

図2・31 演習問題2・3

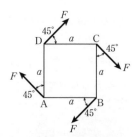

図2・32 演習問題2・4

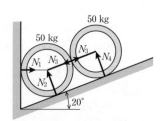

図2・33 演習問題2・5

2·9 図 2·37 に示す半径 R の車輪に大きさ W の鉛直力が働いている．この車輪が高さ h の障害物を乗り越えるには，どれだけの水平力が必要か．

2·10 図 2·38(a)，(b)に示すトラスの支点に働く反力と，各部材の内力を求めよ．

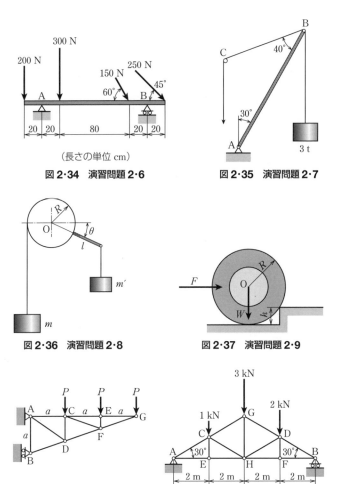

図 2·34　演習問題 2·6

図 2·35　演習問題 2·7

図 2·36　演習問題 2·8

図 2·37　演習問題 2·9

(a)

(b)

図 2·38　演習問題 2·10

3

重心と分布力

3·1 重心

1. 重心

物体をいくつかの小さい部分に分けて考えると，その各部分に質量に比例する重力が鉛直方向に働く．これらの合力の着力点 G は，物体の姿勢をいろいろと変えても，その物体について一定の点で，これを**重心**（center of gravity）という．物体のつりあいや運動を調べるためには，あらかじめその重心の位置を知っておくことが必要である．

物体の各部分に働く重力を $w_1, w_2, \cdots$ とし，全重力を W とすれば

$$W = w_1 + w_2 + \cdots = \sum w_i \tag{3·1}$$

図 3·1 のように，水平と鉛直方向に直交座標軸をとり，各部分の位置を (x_1, y_1), (x_2, y_2), $\cdots$, 重心の位置を (x_G, y_G) であらわせば，各分力のモーメントの和が合力のモーメントに等しいことから，原点 O のまわりのモーメントをとって

$$W x_G = w_1 x_1 + w_2 x_2 + \cdots = \sum w_i x_i$$

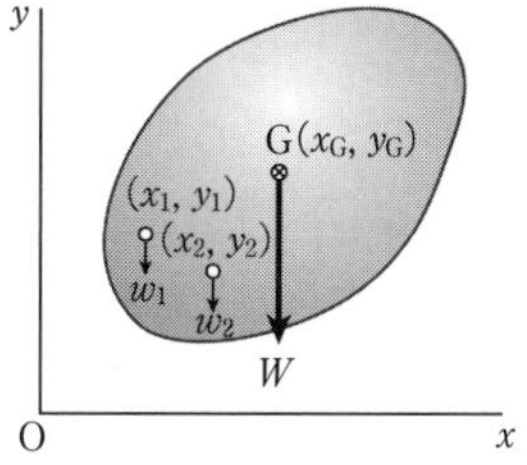

図 3·1　物体の重心

となる．そしてこれから

$$x_G = \frac{1}{W}(w_1 x_1 + w_2 x_2 + \cdots) = \frac{1}{W}\sum w_i x_i \tag{3·2}$$

また，水平方向に y 軸，鉛直方向に x 軸をとって考えれば，これと同様にして

$$y_G = \frac{1}{W}(w_1 y_1 + w_2 y_2 + \cdots) = \frac{1}{W}\sum w_i y_i \tag{3・3}$$

が得られる．

密度が一定の物体では，重力は体積に比例するので，各部分の体積を $v_1, v_2, \cdots$，全体の体積を V として

$$\left.\begin{aligned} x_G &= \frac{1}{V}(v_1 x_1 + v_2 x_2 + \cdots) = \frac{1}{V}\sum v_i x_i \\ y_G &= \frac{1}{V}(v_1 y_1 + v_2 y_2 + \cdots) = \frac{1}{V}\sum v_i y_i \end{aligned}\right\} \tag{3・4}$$

となる．連続した物体では，これを小さい体積 dV に細分し，その極限値をとって

$$x_G = \frac{1}{V}\int x dV, \quad y_G = \frac{1}{V}\int y dV \tag{3・5}$$

であらわされる．

厚さと密度が一定な平面板では，重力は面積に比例するので，各部分の微小面積を dS，総面積を S として

$$x_G = \frac{1}{S}\int x dS, \quad y_G = \frac{1}{S}\int y dS \tag{3・6}$$

断面と密度が一定な細い棒では，面積を長さ L におきかえて

$$x_G = \frac{1}{L}\int x dL, \quad y_G = \frac{1}{L}\int y dL \tag{3・7}$$

となる．

均質な物体では，材料のいかんにかかわらず，重心の位置はただ物体の幾何学的な形だけで決まる．このような点を**図心**（centroid）とよんでいる．

2. 重心の計算例

簡単な形をした物体では，面倒な計算をしないでも，ごく手軽に重心の位置が求められるものがある．均質な物体が幾何学的な対称軸をもつときは，重心はその軸上にあり，二つの対称軸をもつときはその交点が重心となる．また，物体が重力の大きさと重心の位置がわかっているいくつかの部分に分けられるときは，各部分に働く重力の合力の作用線を求めることによって，重心の位置が決定される．

つぎに，重心位置を求める簡単な計算例をあげてみよう．

〔例題 3・1〕 **細い L 形棒** 図 3・2 に示すような，L字形に曲がった細い棒の重心位置を求めよ．

〔解〕 水平部分の重心 G_1 と鉛直部分の重心 G_2 を結ぶ直線上の，線分 G_1G_2 をそれぞれの部分に働く重力の逆比（長さの逆比）L_2/L_1 に分ける位置にある．

あるいは，この図のように直交座標軸をとれば，各部分に働く重力はそれぞれの長さ L_1, L_2 に比例し，その重心は $(x_1, y_1) = (L_1/2, 0)$，$(x_2, y_2) = (0, L_2/2)$ にあるから，全体の重心位置は

$$\left. \begin{aligned} x_G &= \frac{1}{L_1+L_2}\left(\frac{L_1}{2}\times L_1 + 0\right) = \frac{L_1{}^2}{2(L_1+L_2)} \\ y_G &= \frac{1}{L_1+L_2}\left(0 + \frac{L_2}{2}\times L_2\right) = \frac{L_2{}^2}{2(L_1+L_2)} \end{aligned} \right\} \quad (\text{a})$$

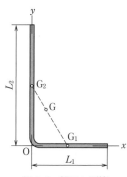

図 3・2 細い L 形棒

となる．

〔例題 3・2〕 **円孔を有する長方形板** 図 3・3 のように，一部が円形に切り抜かれた一様な長方形板の重心はどこにあるか．

〔解〕 図のように座標軸をとれば，長方形板は y 軸に関して対称で，重心はその軸上にある．この場合，円孔の中心 O′ には，切り抜いた面積に比例する力が重力と反対向きに働くと考えられるので，$S_1 = 20 \times 30$，$S_2 = -6^2\pi$ (cm^2) として

$$y_G = \frac{S_1 y_1 + S_2 y_2}{S_1 + S_2}$$

$$= \frac{600 \times 15 - 36\pi \times 20}{600 - 36\pi} = 13.8 \text{ cm}$$

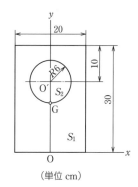

図 3・3 円孔を有する長方形板

で，重心 G は円孔の周縁の付近にある．

〔例題 3・3〕 **円弧** 半径 R，中心角が α の円弧の重心はどこにあるか．半円弧の場合はどこか．

〔解〕 円弧の中心 O を原点として，図 3・4 のように座標軸をとる．x 軸と θ の角度にある長さ $Rd\theta$

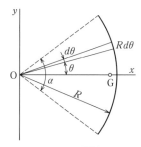

図 3・4 円弧

の小さい円弧の x 座標は $x = R\cos\theta$ であるから，式 (**3**・**7**) によって

$$x_G = \frac{1}{\alpha R}\int_{-\alpha/2}^{\alpha/2} xR\,d\theta = \frac{R}{\alpha}\int_{-\alpha/2}^{\alpha/2}\cos\theta\,d\theta = \frac{2R}{\alpha}\sin\frac{\alpha}{2} \quad (\mathbf{a})$$

となる．半円弧の場合 ($\alpha = \pi$) は

$$x_G = \frac{2R}{\pi} = 0.637R \quad (\mathbf{b})$$

である．

〔**例題 3・4**〕 **扇形板** 図 **3**・**5**(**a**) に示す半径 R，中心角 α の扇形板の重心位置を求めよ．半円板の場合はどこにあるか．また，図 (**b**) に示す外半径 R，内半径 r の扇形板の場合はどうか．

〔**解**〕 図 (**a**) のように座標軸をとり x 軸と θ の角度をもつ位置に中心角 $d\theta$ の小さい扇形板を考える．この小さい扇形板の面積は $dS = (1/2)R^2 d\theta$ で，これを二等辺三角形と考えれば，その重心は中心 O から $2R/3$ の位置にあるから，扇形板全体の重心は，式 (**3**・**6**) によって

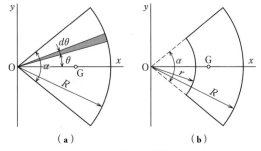

図 **3**・**5** 扇形板

$$x_G = \frac{1}{\frac{1}{2}R^2\alpha}\int_{-\alpha/2}^{\alpha/2}\frac{2}{3}R\cos\theta\cdot\frac{1}{2}R^2\,d\theta$$

$$= \frac{2R}{3\alpha}\cdot 2\int_0^{\alpha/2}\cos\theta\,d\theta = \frac{4R}{3\alpha}\sin\frac{\alpha}{2} \quad (\mathbf{a})$$

半円板の場合 ($\alpha = \pi$) は

$$x_G = \frac{4R}{3\pi} = 0.425R \quad (\mathbf{b})$$

となる．

　例題 **3**・**2** のように，図 (**b**) の扇形板には，$x = (4r/3\alpha)\sin(\alpha/2)$ の位置に面積 $S = (1/2)r^2\alpha$ に比例する負の重力が働くと考えられるので

$$x_G = \frac{1}{\frac{1}{2}(R^2-r^2)\alpha}\left(\frac{1}{2}R^2\alpha \cdot \frac{4R}{3\alpha} - \frac{1}{2}r^2\alpha \cdot \frac{4r}{3\alpha}\right)\sin\frac{\alpha}{2}$$

$$= \frac{4}{3\alpha}\frac{R^2+Rr+r^2}{R+r}\sin\frac{\alpha}{2} \tag{c}$$

となる．とくに $r=0$ のときは式(a)と一致し，$r \to R$ のときは，例題 3・3 の円弧の重心の式(a)と一致する．

〔**例題 3・5**〕 **直円すい** 図 3・6 に示す底面の半径 R，高さ h の直円すいの重心位置を求めよ．

〔**解**〕 図のように，頂点を原点にとり，中心軸を x 軸にとる．頂点より x の距離にある軸に直角な半径 $r=Rx/h$，厚さ dx の薄い円板の体積は $dV=\pi(Rx/h)^2 dx$ であるから，式(3・5)によって

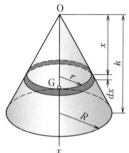

図 3・6 直円すい

$$x_G = \frac{\int_0^h x\pi(Rx/h)^2 dx}{\int_0^h \pi(Rx/h)^2 dx}$$

$$= \frac{\int_0^h x^3 dx}{\int_0^h x^2 dx} = \frac{3}{4}h \tag{a}$$

で，重心は底面から円すいの高さの 1/4 の中心軸上にある．

3. パップスの定理

重心の位置を利用して，回転体の表面積と体積を計算するのに便利な，つぎの定理がある．まず，図 3・7 のように，長さ L の曲線 C が x 軸のまわりに回転してできる曲面の表面積を求めてみよう．この曲線上の微小線分 dL によってできる曲面の表面積が $2\pi y dL$ であるから，全体の表面積は

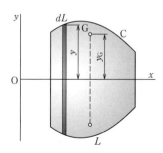

図 3・7 回転面の表面積

$$S = \int_C 2\pi y dL = 2\pi \int_C y dL \qquad (3 \cdot 8)$$

である．xy 平面内の曲線 C の重心の y 座標を y_G とすれば，式(3・7)によって

$$\int_C y dL = y_G L$$

の関係があるから，表面積は

$$S = 2\pi y_G L \qquad (3 \cdot 9)$$

と書ける．

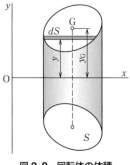

図 3・8　回転体の体積

つぎに，図 3・8 に示す閉領域 S が x 軸のまわりに回転してできる回転体を考えてみよう．x 軸から y の距離にある微小面積 dS による回転体の体積は $2\pi y dS$ であるから，全体積は

$$V = \int_S 2\pi y dS = 2\pi \int_S y dS \qquad (3 \cdot 10)$$

である．この閉曲線に囲まれる領域の重心の y 座標を y_G とすれば，式(3・6)によって

$$\int_S y dS = y_G S$$

の関係にあるので，回転体の体積は

$$V = 2\pi y_G S \qquad (3 \cdot 11)$$

となる．以上によってつぎのことがわかる．

<u>平面曲線がある軸のまわりに回転してできる曲面の表面積は，曲線の長さと，その曲線の重心が軸のまわりに回転してできる円周の長さとの積に等しく，また閉曲線がある軸のまわりに回転してできる回転体の体積は，閉曲線に囲まれる面積と，その重心が軸のまわりに回転してできる円周の長さとの積に等しい．</u>

これを**パップス*の定理** (Pappus' theorem) という．

〔例題 3・6〕　**軸の削り面**　直径 10 cm の鋼軸を削って，図 3・9 のように半径 15 mm の半円形のみぞをつけた．（1）みぞの表面積はいくらか．（2）削りとったみぞの体積はいくらか．

---

*　Pappus（320 年ごろ）

〔解〕 （1） みぞの半円周の長さは
$$L = \pi \times 1.5 = 4.7 \text{ cm}$$
で，その重心は軸の中心線から
$$y_G = 5.0 - \frac{2}{\pi} \times 1.5 = 4.0 \text{ cm}$$

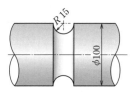

図 3·9 鋼軸につけられたみぞ

のところにある（例題 3·3 参照）．したがって，みぞの表面積は
$$S = 2\pi \times 4.0 \times 4.7 = 118.1 \text{ cm}^2$$
となる．

（2） 半円の面積は
$$S = \frac{1}{2} \times \pi \times 1.5^2 = 3.5 \text{ cm}^2$$
で，重心は軸の中心から
$$y_G = 5.0 - \frac{4}{3\pi} \times 1.5 = 4.4 \text{ cm}$$
のところにある（例題 3·4）ので，みぞの体積は
$$V = 2\pi \times 4.4 \times 3.5 = 96.7 \text{ cm}^3$$
となる．

4. 簡単な形をした物体の重心

実際の応用によくでてくる均質な物体の重心の位置を表 3·1 に掲げておく．

表 3·1 簡単な形をした物体の重心

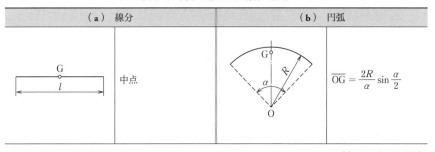

(a) 線分		(b) 円弧	
（図：線分 G が中点，長さ l）	中点	（図：円弧，中心O，半径R，角度α）	$\overline{OG} = \dfrac{2R}{\alpha} \sin \dfrac{\alpha}{2}$

（次ページへつづく）

(c) 曲がりの小さい弧		(d) 三角形の周	
図	$\overline{GM} = \dfrac{2}{3}h$	図	三辺の中点を結んでできる三角形の内心
(e) 三角形		(f) 平行四辺形	
図	中線の交点	図	対角線の交点
(g) 台形		(h) 半円	
図	$\overline{MG} = \dfrac{h}{3}\dfrac{a+2b}{a+b}$ $\overline{NG} = \dfrac{h}{3}\dfrac{2a+b}{a+b}$	図	$\overline{OG} = \dfrac{4R}{3\pi}$
(i) 扇形		(j) 環状扇形	
図	$\overline{OG} = \dfrac{4R}{3\alpha}\sin\dfrac{\alpha}{2}$	図	$\overline{OG} = \dfrac{4}{3\alpha}\dfrac{R^2+Rr+r^2}{R+r}$ $\times \sin\dfrac{\alpha}{2}$
(k) 弓形 (三日月形)		(l) 放物線で囲まれる面	
図	$\overline{OG} = \dfrac{4R}{3}$ $\times \dfrac{\sin^3(\alpha/2)}{\alpha-\sin\alpha}$	図	$\overline{OA} = \dfrac{3}{5}a$ $\overline{AG_1} = \dfrac{3}{8}b$ $\overline{OB} = \dfrac{3}{4}b$ $\overline{BG_2} = \dfrac{3}{10}a$

(次ページへつづく)

(m) 円すい面	$\overline{\text{OG}} = \dfrac{h}{3}$	(n) 頭を切った直円すい面	$\overline{\text{OG}} = \dfrac{h}{3}\dfrac{R+2r}{R+r}$
(o) 半球面	$\overline{\text{OG}} = \dfrac{R}{2}$	(p) 球帯	$\overline{\text{OG}} = \dfrac{h}{2}$
(q) 角柱	$\overline{\text{OG}} = \dfrac{h}{2}$	(r) 円柱	$\overline{\text{OG}} = \dfrac{h}{2}$
(s) 角すい	$\overline{\text{OG}} = \dfrac{h}{4}$	(t) 円すい	$\overline{\text{OG}} = \dfrac{h}{4}$
(u) 割球	$\overline{\text{OG}} = \dfrac{h}{4}\dfrac{4R-h}{3R-h}$	(v) 半球	$\overline{\text{OG}} = \dfrac{3R}{8}$

3·2 重心位置の測定法

幾何学的に簡単な形をした物体の重心位置は，上記のような計算によって求められるが，複雑な形の物体や，多くの部品から組み立てられた機械では，計算によるより直接測定したほうが簡便な場合がある．具体的な例について説明してみよう．

図 3·10 に示す連接棒のような対称軸があるものは簡単で，図の二点 A, B で水平に支え，これらにかかる重力の大きさを測定する．そのおのおのが W_1, W_2 であったとすれば，重心に働く全体の重力は $W = W_1 + W_2$ である．A 点とB点との間の長さを l とし，これらの二点と重心間の長さを l_1, l_2 とすれば

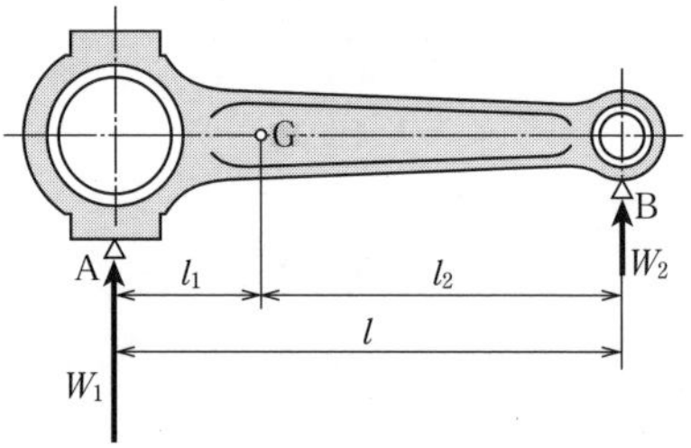

$$l_1 + l_2 = l, \quad \frac{l_1}{l_2} = \frac{W_2}{W_1}$$

で，これより

$$l_1 = \frac{W_2}{W}l, \quad l_2 = \frac{W_1}{W}l \tag{3·12}$$

図 3·10 連接棒の重心

となる．

図 3·11 のような平面板では，板をその上の任意の点 A で吊ると，重心は A 点の真下の AA′ 線上にくる．板を他の点 B にかけなおすと，重心はその真下の BB′ 線上にくるので，この二つの直線の交点 G が板の重心となる．

物体を三点で支えて，その鉛直反力を測定しても重心の位置が求められる．重心はこの三つの反力を合成した力の作用線上にあるからである．物体の姿勢を変えて同じことをすれば，重心を通る別の直線が求められる．

自動車や鉄道車両などでは，これを前後，あるいは左右に傾けることによって重心位置が測定される．いま，図 3·12(a) のように，車両の前後の車軸を同じ高さにして，おのおのの軸に働く力を測定したとこ

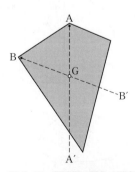

図 3·11 平面板の重心の測定

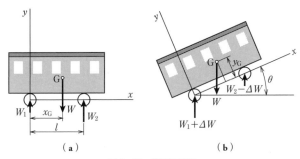

図 3·12　貨車の重心

ろ，それぞれ W_1, W_2 であった．この車両に働く全重力は $W = W_1 + W_2$ である．両車軸間の距離を l として，図のように一方の車軸を原点とする座標軸をとれば，車両が水平のときの原点まわりのモーメントのつりあいより，まず

$$x_G = \frac{W_2}{W} l \tag{3·13}$$

が確定する．つぎに，図 (b) のように，他方の車軸を上げて角 θ だけ傾けたところ，ΔW の重力が一方の車軸から他方の車軸に移動したとすれば，原点に対する全重力の腕の長さは $x_G \cos\theta - y_G \sin\theta$ であるから，再び原点まわりのモーメントのつりあいによって

$$W(x_G \cos\theta - y_G \sin\theta) = (W_2 - \Delta W) l \cos\theta$$

この式から y_G を解いて，重心の高さ

$$y_G = \left(x_G - \frac{W_2 - \Delta W}{W} l \right) \cot\theta = \frac{\Delta W}{W} l \cot\theta \tag{3·14}$$

が求められる．

〔**例題 3·7**〕　**家具の重心**　水平におかれた高さ 165 cm，幅 105 cm の戸棚の両端に働く力を測定したところ，左端で 280 N，右端で 310 N であった．これを 15° だけ左へ傾けたところ，140 N の力が左端に移動した．この戸棚の質量はいくらか．また，重心の位置はどこにあるか．

〔**解**〕　戸棚に働く全重力は $W = 280 + 310 = 590$ N．したがって，その質量は

$$m = \frac{590}{9.81} = 60.1 \text{ kg}$$

式 (3·13) と (3·14) によって

$$x_G = \frac{310}{590} \times 105 = 55.2 \text{ cm}$$

$$y_G = \frac{140}{590} \times 105 \cot 15° = 92.9 \text{ cm}$$

で,重心は中央よりやや右,92.9 cm の高さにある.

3・3 物体のつりあい

図 3・13(a)のように,水平面に半球をおくと,半球の重力 W はその重心 G に働き,これを支える面の反力 W は接点 C で上向きに働いて,つりあいを保つ.図(b)のように半球をすこし傾けると,この一組の偶力は大きさ Wa の復原モーメントをつくって,半球をもとの位置にもどそうとする.このように,静止している物体をすこし傾けても,もとの状態にもどるとき,これを**安定**(stable)なつりあいという.

これに対して,図 3・14 のように,半球にこれと同じ半径の円柱を取りつけると,全体の重心 G が上がって,これを傾けたとき,大きさ $W'b$ の転倒モーメントが生じて物体は倒れてしまう.このような状態を**不安定**(unstable)なつりあいという.支点で吊られた振子のつりあいが安定であるのに,支点の真上に倒立した振子のつりあいが不安定であるのも,船荷を積み過ぎた小形船が転覆しやすいのも,すべてこの例である.図 3・13 と図 3・14 からわかるように,安定なつりあい状態にある物体では,すこし姿勢が変わったとき重心が上がるのに対して,不安定なつりあい状態にある物体では,姿勢が変わると逆に重心が下がる.

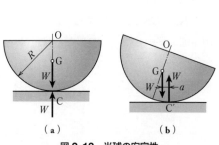

図 3・13 半球の安定性

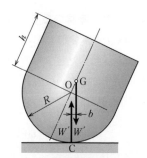

図 3・14 円柱を接合した半球

図 3·14 の場合，円柱の高さが適当で，全体の重心がちょうど半球と円柱の境界面上の半球の中心にあるときには，これをいくら傾けても，重力と反力とは常に一つの鉛直線上にあって，任意の位置でつりあいを保つ．このようなつりあいを**中立** (neutral) なつりあいという．床の上で横にした直円柱や円すいは，すべて中立のつりあいにある．この場合は，物体が姿勢を変えても，重心の高さに変化はない．

図 3·15(a) のように物体を床においたとき，物体の底面に働く床の反力は必ずしも一様には分布しないが，その合力は物体の重心に働く重力の作用線と一致して，つりあいを保つ．しかし，この物体を図(b)のように傾けるか，あるいは図(c)のように物体の載っている平面を傾けて，物体に働く重力の作用線が底面の外に出るようにすると，重力と反力によるモーメントによって物体は転倒する．

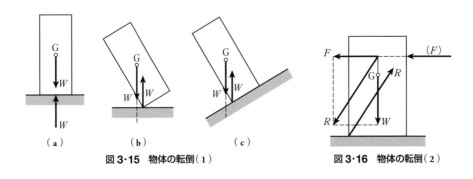

図 3·15　物体の転倒(1)　　　図 3·16　物体の転倒(2)

また，たたみの上におかれた家具のように，粗い（すべらない）面の上にある物体に，図 3·16 のような力 F を加えると，物体にはこの力と重力 W の合力 R が働くが，上記同様，その作用線が底面の外に出るようになると，物体は転倒する．

〔例題 3·8〕 **直円柱を接合した半球**　図 3·14 に示す同一材料の直円柱を接合した半球のつりあいが安定であるためには，直円柱の高さはいくらでなければならないか．

〔解〕　半球の半径を R，直円柱の高さを h とし，両物体の単位体積当たりの質量（密度）を ρ とすれば，半球と直円柱の重心に働く重力は，それぞれ $\rho g 2\pi R^3/3$，$\rho g \pi R^2 h$ に等しい．つりあいが安定であるためには，この接合体の重心が半球内にある必要があり，そのためには上の二つの力によるO点（半球の中心）まわりのモーメントの間に

$$\rho g \frac{2}{3}\pi R^3 \cdot \frac{3}{8}R > \rho g \pi R^2 h \cdot \frac{h}{2} \tag{a}$$

の関係がなければならない．ここで，$3R/8$ は中心から測った半球の重心位置である．この式を解いて，この物体のつりあいが安定であるための円柱の高さの範囲

$$h < \frac{R}{\sqrt{2}} = 0.707R \tag{b}$$

が決定する．

〔**例題 3・9**〕 **斜面におかれた山形鋼** 山形鋼を，図 3・17 (a)，(b) のように粗い斜面の上においたとき，斜面の角度がいくらになると倒れるか．

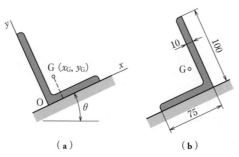

図 3・17 斜面におかれた山形鋼

〔**解**〕 図(a)のように座標軸をとれば，断面の重心位置はほぼ

$$x_G = \frac{75\times10\times37.5 + 90\times10\times5}{75\times10 + 90\times10} = 19.8 \text{ mm}$$

$$y_G = \frac{75\times10\times5 + 90\times10\times55}{75\times10 + 90\times10} = 32.3 \text{ mm}$$

にある．したがって

(1) 図(a)のようにおかれたときは，斜面が

$$\tan\theta > \frac{19.8}{32.3}, \quad \theta > 31°30'$$

(2) 図(b)のときは

$$\tan\theta > \frac{75-19.8}{32.3} = \frac{55.2}{32.3}, \quad \theta > 59°40'$$

になると転倒する．

3·4 分布力

物体に働く力は，その一点に働くいわゆる集中力だけではなく，重力をはじめ，風圧や水圧，積雪荷重などのように，物体の表面や内部の点に分布して働く場合が多い．代表的な例について考えてみよう．

1. はり

図 3·18 に示す両端が支持された長さ l のはりに，単位長さ当たり $w(x)$ の分布荷重が働く場合を考えてみよう．支点 A から x の距離にある長さ dx のはりの微小部分に働く力は $w(x)dx$ に等しいので，この力による両支点のまわりのモーメントの大きさは，それぞれ $w(x)xdx$，$w(x)(l-x)dx$ で，はりの全長に働く力によるモーメントは，これらを積分して

$$M_A = \int_0^l w(x)x\,dx, \quad M_B = \int_0^l w(x)(l-x)\,dx \tag{3·15}$$

となる．この各モーメントが，両支点の反力 R_A，R_B によるモーメントとつりあうことから

$$R_A = \frac{1}{l}\int_0^l w(x)(l-x)\,dx, \quad R_B = \frac{1}{l}\int_0^l w(x)x\,dx \tag{3·16}$$

が得られる．この二つの反力の和は

$$R_A + R_B = \int_0^l w(x)\,dx \tag{3·17}$$

で，はりに働く分布力の総和に等しい．

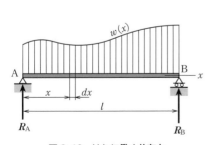

図 3·18 はりに働く分布力

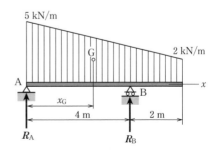

図 3·19 張出ばりに働く分布力

〔例題 3・10〕 張出ばり　図 3・19 のように，張出ばりに台形状の分布荷重が働くとき，両支点にいくらの反力が働くか．支点 B がどの位置にくると，はりが支点 A から浮き上がるか．

〔解〕　図のように，A 点を原点とする x 軸をとれば，分布力の大きさは

$$w(x) = 5 - 3 \cdot \frac{x}{6} = 5 - \frac{x}{2} \text{ kN/m}$$

であらわされる．両支点の反力をそれぞれ R_A, R_B とすれば，はりに直角な鉛直方向の力のつりあい

$$R_A + R_B = \int_0^6 \left(5 - \frac{x}{2}\right) dx = \left| 5x - \frac{x^2}{4} \right|_0^6 = 21 \text{ kN}$$

と，A 点まわりのモーメントのつりあい

$$R_B \times 4 = \int_0^6 \left(5 - \frac{x}{2}\right) x \, dx = \left| 5 \cdot \frac{x^2}{2} - \frac{x^3}{6} \right|_0^6 = 54 \text{ kN·m}$$

から

$$R_A = 7.5 \text{ kN}, \quad R_B = 13.5 \text{ kN}$$

が得られる．B 支点が $x = x_B$ にあるときは

$$R_A = 21 - \frac{54}{x_B}, \quad R_B = \frac{54}{x_B}$$

で，A 点の反力が負，したがって

$$x_B < \frac{54}{21} = 2.57 \text{ m}$$

になると，はりが A 点から浮き上がる．この点は，荷重曲線をあらわす台形の重心位置〔表 3・1（g）参照〕

$$x_G = \frac{6}{3} \frac{5 + 2 \times 2}{5 + 2} = 2.57 \text{ m}$$

に当たる．

〔例題 3・11〕 航空機の主翼　飛行中の航空機の主翼には，図 3・20 のように，空気力（揚力）と重力の差に等しい分布力が働く．空気力の分布が

$$w_a = w_0 \sqrt{1 - \left(\frac{x}{l}\right)^2} \quad (\textbf{a})$$

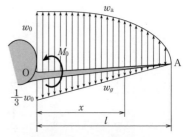

図 3・20　航空機の主翼に働く分布力

重力の分布が

$$w_g = \frac{1}{3} w_0 \left(1 - \frac{x}{l}\right) \qquad (b)$$

に近いとすれば，主翼の付け根にはいくらの力とモーメントが生じるか．

〔解〕 付け根に働く合力は*

$$F_0 = \int_0^l \left[w_0 \sqrt{1 - \left(\frac{x}{l}\right)^2} - \frac{1}{3} w_0 \left(1 - \frac{x}{l}\right) \right] dx$$

$$= \frac{\pi}{4} w_0 l - \frac{1}{3} w_0 \left| x - \frac{x^2}{2l} \right|_0^l$$

$$= \left(\frac{\pi}{4} - \frac{1}{6}\right) w_0 l \qquad (c)$$

モーメントは

$$M_0 = \int_0^l \left[w_0 \sqrt{1 - \left(\frac{x}{l}\right)^2} - \frac{1}{3} w_0 \left(1 - \frac{x}{l}\right) \right] x dx$$

$$= -\frac{1}{3} w_0 l^2 \left| \left[1 - \left(\frac{x}{l}\right)^2\right]^{3/2} \right|_0^l - \frac{1}{3} w_0 \left| \frac{1}{2} x^2 - \frac{1}{3l} x^3 \right|_0^l$$

$$= \frac{1}{3} w_0 l^2 - \frac{1}{18} w_0 l^2 = \frac{5}{18} w_0 l^2 \qquad (d)$$

となる．

2. たわみやすいロープ

たわみやすい索やロープは，それ自体に分布して働く重力のために曲がって，ある曲線的な形を描く．送電線や吊橋などその例は多い．

図 3·21 のように，二点 A，B 間で水平近く張られたロープを考えてみよう．ロープの曲線形を求めるために，その最下点に原点 O をもつ直交座標軸をとる．ロープの単位長さに働く重力を w とし，張力 T の水平分力と鉛直分力をそれぞれ H, V とすれば，微小長さ dS に働く力のつりあいから

$$H = H + dH, \quad V + wds = V + dV$$

が成り立つ．これから $dH = 0$ で

---

* $x = l \sin \theta$ とおくと，空気力による合力は

$$F_a = w_0 \int_0^{\pi/2} l \cos^2 \theta \, d\theta = \frac{1}{2} w_0 l \int_0^{\pi/2} (1 + \cos 2\theta) d\theta = \frac{\pi}{4} w_0 l$$

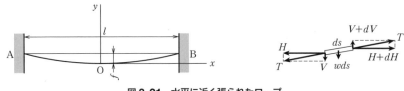

図 3・21　水平に近く張られたロープ

$$H = \text{const} \tag{3・18}$$

である．ロープが水平近く張られているときは，$ds \fallingdotseq dx$ で，上記の第 2 式は

$$\frac{dV}{dx} = w \tag{3・19}$$

となる．たわみやすいロープでは，張力は接線方向に働くので，$dy/dx = V/H$ で，H は一定であるから，式(3・19)は

$$\frac{d^2 y}{dx^2} = \frac{w}{H} \tag{3・20}$$

と書ける．この式を二度積分すれば

$$y = \frac{w}{2H} x^2 + Cx + D \tag{3・21}$$

ロープの最下点を原点にとるときは，$C = D = 0$ である．ロープの二つの支点間の水平距離を l とし，中央におけるロープの最大たわみ（垂下量）を f とすれば

$$x = \pm \frac{l}{2} \text{ で } y = f$$

となるから，式(3・21)によって $f = wl^2/8H$，これより H を解いて

$$H = \frac{wl^2}{8f} = \frac{Wl}{8f} \tag{3・22}$$

となる．$W = wl$ はロープに働く全重力をあらわす．また，ロープの水平支間長に対する最大たわみの比 f/l はロープの（最大）**垂下比** (sag ratio) といわれ，普通 $f/l = 0.03 \sim 0.08$ 程度の値がとられる．式(3・22)の H の値を式(3・21)に代入すれば

$$y = 4f \left(\frac{x}{l} \right)^2 \tag{3・23}$$

となり，ロープの曲線形はほぼ放物線で与えられる*．この場合のロープの長さは

---

* 厳密には，ロープの形状は**懸垂線**（catenary）といわれる双曲線関数であらわされるが，実用的には放物線と考えて十分である．

$$L = \int_{-l/2}^{l/2} \sqrt{1 + \left(\frac{dy}{dx}\right)^2}\, dx \fallingdotseq 2\int_{0}^{l/2} \left[1 + \frac{1}{2}\left(\frac{dy}{dx}\right)^2\right] dx$$

$$= 2\int_{0}^{l/2} \left[1 + \frac{1}{2}\left(8f\frac{x}{l^2}\right)^2\right] dx = l\left[1 + \frac{8}{3}\left(\frac{f}{l}\right)^2\right] \quad (3\cdot 24)$$

垂下比が小さい普通のロープでは，曲線長と水平距離との差は少なく，$f/l = 0.10$ の場合でもわずか 2.7% にすぎない．

ロープの張力は

$$T = \sqrt{H^2 + V^2} = H\sqrt{1 + \left(\frac{w}{H}x\right)^2} \fallingdotseq H\left[1 + \frac{1}{2}\left(8f\frac{x}{l^2}\right)^2\right] \quad (3\cdot 25)$$

で，中央の最下点で水平分力 H に等しく，両端に近づくほど大きくなるが，垂下比が小さいロープでは，その差はあまり大きくはない．

〔例題 3・12〕 **ロープの張力** 1 m 当たりの質量 1.2 kg のロープ（6 × 7，直径 18 mm）が，距離 300 m の水平な 2 支点間に張られている．垂下比が 0.05 の場合，ロープの張力はいくらか．水平成分と両端における最大張力とを比較してみよ．

〔解〕 式(3・22)によって，張力の水平成分は

$$H = \frac{1.2 \times 10^{-3} \times 9.81 \times 300}{8 \times 0.05} = 8.8 \text{ kN}$$

式(3・25)によって，最大張力はこれよりわずか

$$8\left(\frac{f}{l}\right)^2 = 8 \times 0.05^2 = 0.02 \ (2\%)$$

大きいにすぎない．

3. 静止流体の圧力

流体に接している物体の表面には，これと垂直に分布する流体の力が働く．単位面積当たりに働くこの分布力を流体の**圧力**（pressure）という．

静止流体内の一点における圧力はいずれの方向にも同一で，密閉容器内では，流体に加えた圧力はすべての部分にそのままの強さで伝わる（パスカルの原理）．水圧機はこの原

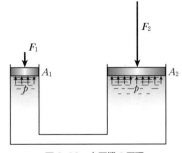

図 3・22 水圧機の原理

理を利用したもので，図3·22において

$$p = \frac{F_1}{A_1} = \frac{F_2}{A_2}$$

したがって

$$F_2 = \frac{A_2}{A_1} F_1 \qquad (3·26)$$

となり，小さい力 F_1 で大きい力 F_2 を出すことができる．

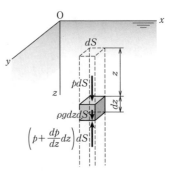

図3·23 液中の角柱に働く力

　一様な重力場におかれた液体の圧力は深さに比例する．その理由は，図3·23のように，液面から深さ z にある面積 dS，高さ dz の小さい液柱に働く鉛直方向の力のつりあいから容易に説明される．液体の密度を ρ，深さ z における液体の圧力を p とすれば

$$pdS - \left(p + \frac{dp}{dz} dz\right) dS + \rho g dz dS = 0$$

で，これから

$$\frac{dp}{dz} = \rho g \qquad (3·27)$$

が得られる．液体の密度は深さに関係なく一定であるから，液面（$z=0$）における圧力（大気圧）を p_0 として，式(3·27)を積分することにより

$$p - p_0 = \rho g z \qquad (3·28)$$

となる．

　流体中の物体は，それによって排除された流体に働く重力に等しい大きさの上向きの力を，鉛直方向に受ける（アルキメデスの原理）．この力を**浮力**（buoyancy）という．流体の密度を ρ，物体によって排除された流体の体積を V とすれば，浮力の大きさは $B = \rho g V$ である．そして，浮力の中心は排除された流体の重心に一致する．その理由は，つぎのようにして説明される．

　流体中にある物体を，図3·24のように，

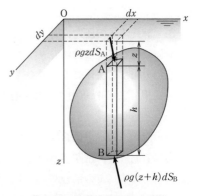

図3·24 液中に沈められた物体

断面積 $dxdy$ をもつ鉛直な角柱 AB で切断したと考え，その高さを h，A 面の深さを z とすれば，角柱の上，下面にはそれぞれ $\rho gzdS_A$，$\rho g(z+h)dS_B$ の圧力が働く．この力の鉛直成分は $\rho gzdxdy$，$\rho g \times (z+h)dxdy$ であるから，角柱にはその差の $\rho ghdxdy$ の力が上向きに働き，その結果，物体全体には水平面への全投影面積 S にわたって積分した

$$B = \rho g \iint_S h dxdy = \rho g V \tag{3・29}$$

の力が働く．また，この力の x,y 軸まわりのモーメントは

$$M_x = \rho g \iint_S hydxdy = \rho g V y_G,$$

$$M_y = \rho g \iint_S hxdxdy = \rho g V x_G \tag{3・30}$$

となり，浮力の中心は排除された流体の重心（x_G, y_G）と一致する．

　水に浮かぶ船には，船の重力 W とこれに等しい大きさの浮力 B が反対向きに働き，かつ船の重心 G と浮力の中心 C とが同一の鉛直線上にある．この船がわずかに傾いて，浮力の中心 C が図 3・25 のように C′ に移動したとすれば，この重力と浮力による復原モーメントのため船体はもとの姿勢にもどる．浮力 B の作用線と船の中心線との交点 M を**メタセンタ**（metacenter）とよんでいる．メタセンタが船体の重心より上にあるときは，船は安定であるが，船体の重心が高くなってメタセンタがその下へくるようになると，モーメントの向きが逆になって船は不安定になる．

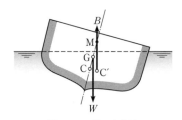

図 3・25　船の安定性

〔例題 3・13〕　**ダムに働く水圧**　図 3・26 に示す高さ $h = 4$ m，幅 $b = 10$ m の重力ダムの鉛直壁に働く全水圧と，圧力中心の深さを求めよ．

〔解〕　深さ z の小さい面積 bdz に働く力は $\rho gzbdz$ で，ダム全体に働く合力は

$$P = \int_0^h \rho gzbdz = \frac{1}{2}\rho gbh^2$$

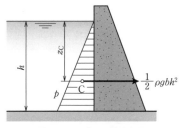

図 3・26　ダムに働く水圧

$$= \frac{1}{2} \times 1 \times 9.81 \times 10 \times 4^2 = 784.8 \text{ kN}$$

全水圧が作用する圧力中心の深さは

$$z_C = \frac{1}{P}\int_0^h \rho g z^2 b \, dz = \frac{2}{3}h = \frac{2}{3} \times 4 = 2.7 \text{ m}$$

となる．

〔**例題 3·14**〕 **円板に働く水圧** 図 3·27 に示すように，中心 G が z_G の深さまで水中に沈められた，半径 R の鉛直な円板（せき板）に働く全水圧とその圧力中心を求めよ．

〔**解**〕 図のように，深さ z にある小さい面積 $2\sqrt{R^2-(z-z_G)^2}\,dz$ に働く力は $2\rho g z$ × $\sqrt{R^2-(z-z_G)^2}\,dz$ で，円板全体に働く全水圧は，$z-z_G=x$ とおいて*

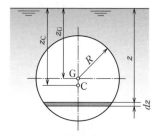

図 3·27 水中に鉛直に沈められた円板

$$P = \int_{-R}^{R} 2\rho g(z_G+x)\sqrt{R^2-x^2}\,dx = \rho g \pi R^2 z_G \tag{a}$$

また，圧力中心の深さは

$$z_C = \frac{1}{P}\int_{-R}^{R} 2\rho g(z_G+x)^2\sqrt{R^2-x^2}\,dx = z_G + \frac{R^2}{4z_G} \tag{b}$$

となる．

上の二つの例からわかるように，平面板に加わる全水圧は，面の重心に作用する

---

* $x = R\sin\theta$ とおけば

$$\int_{-R}^{R}\sqrt{R^2-x^2}\,dx = 2R^2\int_0^{\pi/2}\cos^2\theta\,d\theta = \frac{\pi}{2}R^2 \quad (\text{Wallis の公式})$$

$$\int_{-R}^{R} x\sqrt{R^2-x^2}\,dx = 0 \quad (\text{被積分関数の逆対称性})$$

$$\int_{-R}^{R} x^2\sqrt{R^2-x^2}\,dx = 2R^4\int_0^{\pi/2}\sin^2\theta\cos^2\theta\,d\theta$$

$$= 2R^4\int_0^{\pi/2}(\cos^2\theta-\cos^4\theta)d\theta = 2R^4\left(\frac{1}{2}-\frac{3}{4}\frac{1}{2}\right)\frac{\pi}{2}$$

$$= \frac{\pi}{8}R^4 \quad (\text{Wallis の公式})$$

となる．

圧力が全面に均一に作用するとみなしたときの大きさに等しく，その圧力中心は，分布する水圧の重心の深さに一致している．

演習問題

3·1 図3·28(a)，(b)，(c)のように曲げられた細い針金の重心位置を求めよ．

3·2 図3·29(a)，(b)，(c)に示す薄い平面板の重心位置を計算せよ．

3·3 図3·30に示す心棒の重心位置を求めよ．

3·4 高さ h，直径 D の薄い鉄板でつくったふたのない缶の重心はどこにあるか．

3·5 図3·31のように，60°の角度に曲げられた細い棒の一端 A がヒンジに取りつけられている．BC の部分が水平になるためには，この部分の長さはいくらでなければならないか．

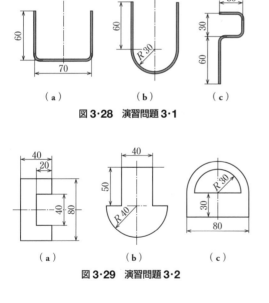

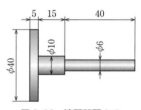

図3·30　演習問題3·3

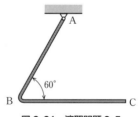

図3·31　演習問題3·5

3·6 50 kg の半円柱が，図3·32に示す底面上の三点 A, B, C で鉛直に支えられるとき，各点にはいくらの力が働くか．

3·7 図3·33に示す断面の半径 r，中心線の半径 R のリングの表面積と体積を求めよ．

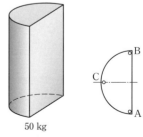

図3·32　演習問題3·6

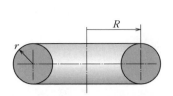
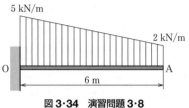

図 3・33　演習問題 3・7　　　　図 3・34　演習問題 3・8

3・8　図 3・34 に示す台形状の分布荷重が片持ばりに働くとき，固定端にはいくらの反力とモーメントを生じるか．

3・9　長さ 3.1 m，質量 40 kg の鎖を，ちょうど 3 m 離れた同じ高さの支点の間に吊り下げた．鎖のたるみと最大張力はいくらか．

3・10　鋼製（密度 7.8 t/m^3）の中空球かくを水に浮かべるには，半径と厚さの比をいくらにすればよいか．

4

速度と加速度

4・1 直線運動

1. 速度

空を飛ぶボールにしても，道路を走る自動車にしても，普通その大きさは運動する距離に比べて小さいので，これらを点とみなしてその運動を取り扱って差し支えない．

物体が直線運動をする場合，動いた距離と動くのに要した時間の比を**速度**（velocity）という．図 4・1 のように，ある時刻 t に直線上のある基準点 O（原点）から s の距離にあった P 点が，時間 Δt の間に直線上を P′ 点まで距離 Δs だけ移動したものとしよう．この間の平均速度は

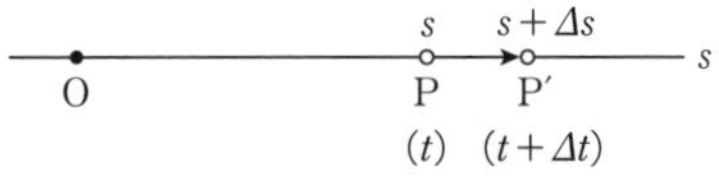

$$v = \frac{\Delta s}{\Delta t} \tag{4・1}$$

で，時間 $\Delta t \to 0$ とした極限の値

$$v = \lim_{\Delta t \to 0} \frac{\Delta s}{\Delta t} = \frac{ds}{dt} \tag{4・2}$$

は P 点における瞬間の速度をあらわす．時間 t が変化するにつれて，P 点の位置 s が図 4・2 のように変化するとき，速度 v はこの曲線のこう配で与えられ，接線と t 軸との間の角を θ とすれば，その大きさは $\tan \theta$ に等しい．速度は [長さ/時間] の次元をもち，普通 m/s，あるいは km/h の単位で測られる．

図 4・1 直線運動

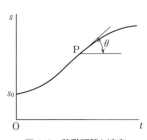

図 4・2 移動距離と速度

式 (4·2) を積分すれば

$$s = s_0 + \int_0^t v\,dt \quad (4\cdot3)$$

で，逆に速度 v が与えられると，点の位置が決定する．積分定数 s_0 は $t=0$ のときの点の位置で，$s-s_0$ が時間 t における移動距離を与える．

点が一定の速度 v で運動するときは

$$s = s_0 + vt \quad (4\cdot4)$$

で，この場合の s 曲線は図 4·3 のような直線となる．

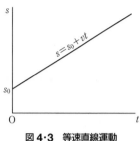

図 4·3　等速直線運動

〔**例題 4·1**〕　**音の速度**　大気中を伝わる音の速度は，地上ではおよそ 340 m/s，上空へゆくにしたがってだんだん小さくなり，旅客機（ジェット機）が飛行する 10 km の高度ではおよそ 300 m/s である．時速になおすといくらか．

〔解〕　1 時間は 3600 秒であるから，地上での音速は

$$v_0 = 340 \times \frac{3600}{1000} = 1220 \text{ km/h}$$

高度 10 km では

$$v_{10} = 300 \times 3.6 = 1080 \text{ km/h}$$

〔**例題 4·2**〕　**二つの町を往復する自動車**　60 km 離れた二つの町を往路 50 km/h，復路 30 km/h の速度で往復する自動車と，往復ともその平均の 40 km/h の速度で走る自動車では，どちらが往復時間が短いか．

〔解〕　50 km/h と 30 km/h の速度で往復する自動車は

$$t = \frac{60}{50} + \frac{60}{30} = 3.2 \text{ h}$$

で，3 時間 12 分かかり，40 km/h で往復する自動車は

$$t = 2 \times \frac{60}{40} = 3.0 \text{ h}$$

で，ちょうど 3 時間かかる．平均の速度で往復するほうが 12 分早い．

2. 加速度

物体に力が働くと，速度は時間とともに変化する．ある時刻 t に速度 v で運動していた物体が，Δt 時間に Δv だけ速度を変化したとき，この間の速度変化の割合は

$$a = \frac{\Delta v}{\Delta t} \tag{4·5}$$

で，このような単位時間における速度の変化率を（平均）**加速度**（acceleration）という．速度の場合と同様に，瞬間の加速度は

$$a = \lim_{\Delta t \to 0} \frac{\Delta v}{\Delta t} = \frac{dv}{dt} \tag{4·6}$$

で与えられる．加速度は〔長さ/時間^2〕の次元をもち，普通 m/s^2 の単位で測られる．式(4·6)を積分すれば

$$v = v_0 + \int_0^t a\,dt \tag{4·7}$$

等加速度運動では

$$v = v_0 + at \tag{4·8}$$

で，v_0 は時刻 $t=0$ における速度をあらわす．加速度 a が速度曲線のこう配で与えられ，また等加速度運動では時間と速度が直線的な関係にあることは，上記の速度について述べたことと同じである．

等加速度運動では，式(4·8)を時間でもう一度積分して

$$s = s_0 + v_0 t + \frac{1}{2} a t^2 \tag{4·9}$$

となる．式(4·8)から $t = (v - v_0)/a$．式(4·9)に代入すれば，時間 t が消去されて

$$s - s_0 = \frac{v^2 - v_0^2}{2a} \tag{4·10}$$

となる．

〔**例題 4·3**〕 **ロケットの打上げ** 地上から $5g$ の加速度で鉛直に打ち上げられるロケットは，30秒後にはどれだけの高度に達するか．またそのときの速度はいくらか．

〔**解**〕 高度は

$$s = \frac{1}{2} a t^2 = \frac{1}{2} \times 5 \times 9.81 \times 30^2 = 22.1 \text{ km}$$

速度は

$$v = at = 5 \times 9.81 \times 30 = 1471 \text{ m/s}$$

で，時速になおして 5295.6 km/h となる．

〔例題 4・4〕 **自動車の急制動** 時速 40 km/h で走っている自動車に急ブレーキをかけたら 15 m で止まった．自動車の制動能力が速度に関係なく一定であるとすれば，時速 80 km/h の自動車が停止するまでにどれだけ走るか．また，このときいくら時間がかかるか．

〔解〕 式 (**4・10**) において，$v_0 = 40/3.6 = 11.1$ m/s, $v = 0$, $s - s_0 = 15$ m とすれば，自動車の減速度（負の加速度）は

$$a = \frac{v^2 - v_0^2}{2(s - s_0)} = \frac{-11.1^2}{2 \times 15} = -4.1 \text{ m/s}^2$$

$v_0 = 80/3.6 = 22.2$ m/s で走っている自動車が停止するまでには，時速 40 km/h のときの 4 倍の

$$s - s_0 = -\frac{22.2^2}{2 \times (-4.1)} = 60.1 \text{ m}$$

だけ走り，その間に

$$t = \frac{-22.2}{-4.1} = 5.4 \text{ s}$$

の時間がかかる．自動車を運転する際，制限速度を無視することがいかに危険であるかがよくわかる．

〔例題 4・5〕 **物体の自由落下** 物体に働く空気の抵抗を考慮に入れなければ，空中に投げられた物体には真下に向かって重力加速度 g が働く．初速度 v_0 で，h の高さから真上に投げられた物体はどのような運動をするか．

〔解〕 図 **4・4** のように，地面を原点として上向きに x 軸をとれば，この場合の加速度は $a = -g$ となるので，t 秒後における物体の速度は

$$v = v_0 - gt \quad (\mathbf{a})$$

で，上昇した高さは

$$x = h + v_0 t - \frac{1}{2} g t^2 \quad (\mathbf{b})$$

$0 < t < v_0/g$ の間に物体は上昇し，時刻

$$t = \frac{v_0}{g} \quad (\mathbf{c})$$

に，最も高い

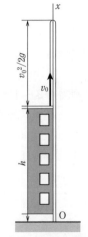

図 **4・4** 真上に投げられた物体

$$x_{\max} = h + \frac{1}{2}\frac{v_0{}^2}{g} \tag{d}$$

に達する．物体を h の高さから静かに落とせば $(v_0 = 0)$，t 秒後の落下速度は $v = -gt$ で，地上に落ちるまでに $t = \sqrt{2h/g}$ の時間がかかり，そのとき

$$|v| = \sqrt{2gh} \tag{e}$$

の速度となる．

4·2 曲線運動

1. 速度

一点 P がある平面曲線 C 上を運動する場合を考えてみよう．このときは，時刻 t における点の位置を，図 4·5 のように，点 O を原点とするベクトル $\boldsymbol{r}$ であらわすのが便利である．このベクトルを位置ベクトルとよんでいる．時刻 t に $\boldsymbol{r}$ の位置にあった点が，時刻 $t + \Delta t$ に $\boldsymbol{r} + \Delta \boldsymbol{r}$ まで移ったとすれば，$\Delta \boldsymbol{r}$ は Δt 時間の移動量であるから

$$\boldsymbol{v} = \frac{\Delta \boldsymbol{r}}{\Delta t} \tag{4·11}$$

はこの間の平均速度をあらわす．P 点における瞬間の速度は

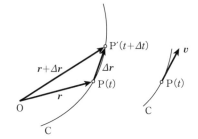

図 4·5 曲線上を運動する点

$$\boldsymbol{v} = \lim_{\Delta t \to 0} \frac{\Delta \boldsymbol{r}}{\Delta t} = \frac{d\boldsymbol{r}}{dt} \tag{4·12}$$

で，その方向は P 点における曲線 C の接線の方向と一致する．このように速度 $\boldsymbol{v}$ はベクトル量で，その大きさは直交成分を用いて

$$v = \sqrt{v_x{}^2 + v_y{}^2} = \sqrt{\left(\frac{dx}{dt}\right)^2 + \left(\frac{dy}{dt}\right)^2} \tag{4·13}$$

その方向は

$$\theta = \tan^{-1}\left(\frac{v_y}{v_x}\right) = \tan^{-1}\left(\frac{dy}{dt} \Big/ \frac{dx}{dt}\right) \tag{4·14}$$

で与えられる．

これに対して，P点の Δt 時間における曲線Cに沿った移動距離を Δs とした場合，$v = \Delta s/\Delta t$ を平均の速さといい，$\Delta t \to 0$ の極限値をとった

$$v = \lim_{\Delta t \to 0} \frac{\Delta s}{\Delta t} = \frac{ds}{dt} \tag{4・15}$$

をP点における**速さ**（speed）とよんでいる．速度の大きさは速さに等しい．

2. 加速度

点Pが曲線C上を運動する場合，図4・6のように，時刻 t の速度が v で，$t + \Delta t$ になって $v + \Delta v$ に変化したものとすれば，Δv は Δt 時間における速度変化で

$$a = \frac{\Delta v}{\Delta t} \tag{4・16}$$

はこの間の平均加速度を与える．したがって，P点における瞬間の加速度は

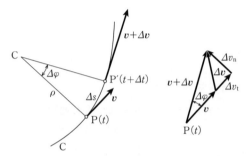

図4・6 点の速度変化

$$a = \lim_{\Delta t \to 0} \frac{\Delta v}{\Delta t} = \frac{dv}{dt} = \frac{d^2 r}{dt^2} \tag{4・17}$$

であらわされる．直交成分を用いれば，加速度の大きさは

$$a = \sqrt{a_x^2 + a_y^2} = \sqrt{\left(\frac{d^2 x}{dt^2}\right)^2 + \left(\frac{d^2 y}{dt^2}\right)^2} \tag{4・18}$$

と書ける．

3. 接線加速度と法線加速度

曲線C上を運動する点の加速度 a は，速度ベクトル v と同じ接線方向の成分 a_t と，これに直角な法線方向の成分 a_n をもっている．

いま，図4・6のように，速度ベクトルの変化 Δv の接線方向と法線方向の成分をそれぞれ Δv_t，Δv_n とし，二つの速度ベクトル v と $v + \Delta v$ との間の角を $\Delta \varphi$ とすれば，各加速度成分の大きさは

$$a_\mathrm{t} = \lim_{\Delta t \to 0} \frac{\Delta v_\mathrm{t}}{\Delta t} = \lim_{\Delta t \to 0} \frac{(v+\Delta v)\cos\Delta\varphi - v}{\Delta t} = \lim_{\Delta t \to 0} \frac{\Delta v}{\Delta t} = \frac{dv}{dt} \tag{4・19}$$

および

$$a_\mathrm{n} = \lim_{\Delta t \to 0} \frac{\Delta v_\mathrm{n}}{\Delta t} = \lim_{\Delta t \to 0} \frac{(v+\Delta v)\sin\Delta\varphi}{\Delta t} = \lim_{\Delta t \to 0} \frac{v\Delta\varphi}{\Delta t}$$

$$= \lim_{\Delta t \to 0} \frac{v\Delta\varphi}{\Delta s}\frac{\Delta s}{\Delta t}$$

となる。Δs は曲線 C の弧長で,$v = \lim_{\Delta t \to 0}(\Delta s/\Delta t)$,P 点における曲線の曲率半径を ρ とすれば

$$\frac{1}{\rho} = \lim_{\Delta s \to 0} \frac{\Delta\varphi}{\Delta s} \tag{4・20}$$

の関係があるので,法線方向の加速度の大きさは

$$a_\mathrm{n} = \frac{v^2}{\rho} \tag{4・21}$$

と書ける。

このように,速度 v と同じ接線方向を向いていて,その大きさを変化させる加速度成分 a_t を**接線加速度**(tangential acceleration)といい,これと垂直な曲率中心の方向を向いていて,速度 v の方向を変化させる加速度成分 a_n を**法線加速度**(normal acceleration)あるいは**求心加速度**(centripetal acceleration)という。加速度 a の大きさは,これらの成分を用いて

$$a = \sqrt{a_\mathrm{t}^2 + a_\mathrm{n}^2} = \sqrt{\left(\frac{dv}{dt}\right)^2 + \left(\frac{v^2}{\rho}\right)^2} \tag{4・22}$$

で与えられる。

4・3 放物運動

水平面に対して角度 α の方向に,v_0 の初速度で投げられた物体の運動を考えてみよう。物体を投げた点を原点として,図 4・7 のように座標軸をとる。空気の抵抗を考えに入れなければ,物体には鉛直下向きに一定の重力加速度 g が働くだけで,水平方向には速度の変化はない。したがって,時刻 t における速度の成分は

$$\left.\begin{array}{l}v_x = v_0 \cos \alpha \\ v_y = v_0 \sin \alpha - gt\end{array}\right\} \quad (4\cdot23)$$

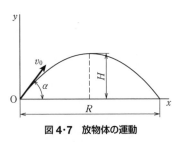

図 4·7 放物体の運動

で，物体の位置は

$$x = v_0 t \cos \alpha, \quad y = v_0 t \sin \alpha - \frac{1}{2}gt^2 \quad (4\cdot24)$$

となる．式 (4·24) から時間 t を消去することによって，物体の運動の経路が得られる．すなわち

$$y = x \tan \alpha - \frac{g}{2v_0^2 \cos^2 \alpha} x^2 \quad (4\cdot25)$$

で，この曲線は放物線をあらわしている．この式で $y = 0$ となる x を求めて，これを R とすれば

$$R = \frac{v_0^2}{g} \sin 2\alpha \quad (4\cdot26)$$

で，これは水平面上における物体の到達距離を与える．同じ初速度 v_0 で投げた場合，等しい水平距離に達するのに α と $90° - \alpha$ の二とおりの角度がある．$\alpha = 45°$ のときは $\sin 2\alpha = 1$ で，物体は最も遠い距離に到達する．

これに対して，物体が最高点に達したときには $v_y = 0$ となるので，式 (4·23) により

$$t = \frac{v_0}{g} \sin \alpha \quad (4\cdot27)$$

で，これを式 (4·24) の y の式に代入して，最大の高さ

$$H = \frac{v_0^2}{2g} \sin^2 \alpha \quad (4\cdot28)$$

が得られる．同じ初速度であれば，真上に投げたとき最も高く昇るのはいうまでもない．

図 4·8 は等しい初速度 v_0 で，角度だけを変えて投げたときの物体の軌跡を示す．公園の噴水などでよくみられる例である．

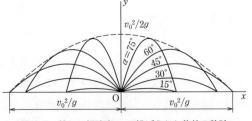

図 4·8 等しい初速度 v_0 で投げられた物体の軌跡

初速度を大きくしないかぎり，破線で示された包絡線の外側へ物体や水は届かない．

実際には，物体に働く空気の抵抗のため，物体の軌跡は放物線にはならないで，図 4・9 のような曲線となる*．野球のボールなどでよく経験することであろう．

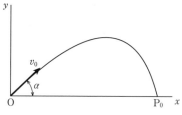

図 4・9　空中に投げられた物体の運動

〔**例題 4・6**〕　**ヘリコプタからの物体の投下**　20 m の低空を 30 km/h の速度で水平飛行するヘリコプタから物体を投下すると，どの地点に落ちるか．

〔**解**〕　落とした物体の水平方向の速度は

$$v = \frac{30}{3.6} = 8.33 \text{ m/s}$$

鉛直方向には自由落下の場合と等しいので，20 m の高さから地上に落下する時間は，例題 4・5 の式(**b**)から導かれる．すなわち

$$20 - \frac{1}{2}gt^2 = 0$$

より t を解いて

$$t = \sqrt{\frac{2 \times 20}{9.81}} = 2.0 \text{ s}$$

となる．この間に物体は 8.33 m/s の速度で水平方向へ運動するので，物体は投下点の真下からヘリコプタの飛行方向に $8.33 \times 2.0 = 16.7$ m の地点に落ちる．

4・4　円運動

1. 角速度

物体がある点 O を中心として回転するとき，その運動は回転角 θ の時間的な変化を調べることによってよく理解することができる．図 4・10 のように，P 点が O 点のまわりに Δt 時間に角度 $\Delta \theta$ だけ回転するとき，平均の**角速度**（angular velocity）は $\omega = \Delta \theta / \Delta t$，瞬間の角速度は

---

* 入江敏博，山田元：工業力学，p.106，理工学社，1980．

$$\omega = \lim_{\Delta t \to 0} \frac{\Delta \theta}{\Delta t} = \frac{d\theta}{dt} \qquad (4 \cdot 29)$$

で与えられる．角度として普通**ラジアン**（radian）が用いられるので，角速度は rad/s の単位で測られる．ラジアンは次元をもたない量で，円弧の長さがちょうど円の半径に等しいときの中心角が 1 rad に当たる．したがって，180°は π rad，360°は 2π rad に等しい．半径 r の円において，中心角が θ の円弧の長さは，θ を rad で測れば $s = r\theta$ に等しいので，円周に沿った P 点の速さ（周速）は

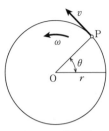

図 4・10 円運動

$$v = \frac{ds}{dt} = r \frac{d\theta}{dt} = r\omega \qquad (4 \cdot 30)$$

となる．

機械の回転速度は普通，毎分の回転数 N で測られ，rpm の単位が用いられる．角速度 ω (rad/s) と N (rpm) の間にはつぎの関係がある．

$$\omega = 2\pi \left(\frac{N}{60} \right) = \frac{\pi}{30} N \qquad (4 \cdot 31)$$

直線運動の場合と同様に，式 (4・29) を時間 t で積分すれば

$$\theta = \theta_0 + \int_0^t \omega dt \qquad (4 \cdot 32)$$

一定の角速度で回転するときは

$$\theta = \theta_0 + \omega t \qquad (4 \cdot 33)$$

となる．

2. 角加速度

単位時間における角速度 ω の変化を**角加速度**（angular acceleration）といい

$$\alpha = \lim_{\Delta t \to 0} \frac{\Delta \omega}{\Delta t} = \frac{d\omega}{dt} \qquad (4 \cdot 34)$$

であらわす．角加速度は普通，rad/s^2 の単位で測られる．

P 点が半径 r の円周上を回転するときの接線加速度と求心加速度の大きさは

$$a_t = \frac{dv}{dt} = r \frac{d\omega}{dt} = r\alpha \qquad (4 \cdot 35)$$

$$a_n = \frac{v^2}{r} = r\omega^2 \tag{4.36}$$

で与えられる．一定の角速度で回転するとき（$\alpha = 0$）は，接線加速度は 0 で，円の中心を向いた求心加速度だけが働く．

式(4・34)を時間 t で積分すれば

$$\omega = \omega_0 + \int_0^t \alpha dt \tag{4.37}$$

一定の角加速度で回転するときは

$$\omega = \omega_0 + \alpha t \tag{4.38}$$

となる．式(4・38)をもう一度時間で積分すれば

$$\theta = \theta_0 + \omega_0 t + \frac{1}{2}\alpha t^2 \tag{4.39}$$

ここで，θ_0 と ω_0 は，それぞれ時刻 $t = 0$ における回転角と角速度をあらわす．式(4・38)と(4・39)より時間 t を消去することによって，直線運動で得られたのと同様な関係

$$\theta - \theta_0 = \frac{\omega^2 - \omega_0^2}{2\alpha} \tag{4.40}$$

が得られる．

〔例題 4・7〕 **旋盤の切削速度**　直径 60 mm の鋼棒を旋盤で切削するとき，切削速度を毎分 150 m にするためには，主軸の回転数をいくらにすればよいか．

〔解〕 周速 $v = 150/60 = 2.5$ m/s のときの角速度は

$$\omega = \frac{2.5}{0.030} = 83.3 \text{ rad/s}$$

であるから，式(4・31)によりこれを毎分の回転数になおして

$$N = \frac{30}{\pi}\omega = \frac{30}{\pi} \times 83.3 = 795.9 \text{ rpm}$$

となる．

〔例題 4・8〕 **はずみ車の加速**　はずみ車が動きはじめてから等しい角加速度で回転数を増し，30 秒後に 250 rpm となった．角加速度はいくらか．また，この 30 秒間に何回転したか．

〔解〕 角加速度の大きさは

$$\alpha = \frac{\omega - \omega_0}{t} = \frac{1}{30}\left(\frac{\pi}{30} \times 250\right) = 0.87 \text{ rad/s}^2$$

で，この間に

$$\theta = \frac{1}{2}\alpha t^2 = \frac{1}{2} \times 0.87 \times 30^2 = 391.5 \text{ rad}$$

すなわち，$\theta = 391.5/2\pi = 62.3$ 回転したこととなる．

4·5 相対運動

鉛直に降っている雨でも，車窓からは斜めにみえたり，並行して走っている一方の列車から他方の列車をみるとスピード感が狂うなど，どこを基準にしてみるかによって，運動の様子が異なってくる．

二点 A，B が運動しているとき，A を基準としてみた B の運動を A に対する B の**相対運動** (relative motion) という．そして，図 4·11 のように，この二点がある固定した座標系に対して，それぞれ v_A，v_B で運動しているとき

$$v_r = v_B - v_A \tag{4·41}$$

を A に対する B の**相対速度** (relative velocity) という．これら二つの点に，v_A と大きさが等しく向きが反対な速度を加えると，A 点の速度は 0 となって固定され，B 点の速度は相対速度 v_r に等しくなる．これとは逆に，B に対する A の相対速度は，式 (4·41) の符号を換えた $-v_r$ に等しい．

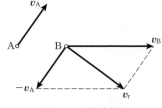

図 4·11 相対速度

〔例題 4·9〕 **雨滴の落下速度** 鉛直に降る雨が，40 km/h の速度で走っている自動車のなかからは，鉛直線と 50° の方向から降るようにみえた．雨滴の落下速度はいくらか．

〔解〕 雨滴の速度ベクトルを描くと図 4·12 のようになる．雨滴の落下速度を V とすれば，$40/V = \tan 50°$ で

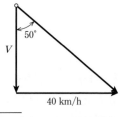

図 4·12 車内からみた雨滴の落下

$V = 40 \cot 50° = 33.6$ km/h $= 9.32$ m/s

となる．

〔**例題 4・10**〕 **航空機の異常接近（ニアミス）** 同じ高度を東へ 420 km/h の速度で飛行する航空機と，南へ 800 km/h の速度で飛行する航空機がある．ある時刻に東西に 11 km，南北に 20 km 離れた位置にあったこの二つの航空機がそのまま飛行を続けると，互いにどれだけ接近するか．

〔**解**〕 図 4・13 のように，東へ 420 km/h で飛行する A 機を基準とする直交座標系 A-xy の座標軸を，東西と南北の方向にとる．南へ 800 km/h の速度で飛行する B 機の A 機に対する相対速度の大きさは

$$V_r = \sqrt{420^2 + 800^2} = 903.5 \text{ km/h}$$

で，方向は真南から

$$\alpha = \tan^{-1} \frac{420}{800} = 27°42'$$

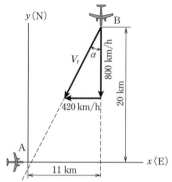

図 4・13 互いに接近する航空機

だけ西を向いている．時刻 $t = 0$ における B 機の相対位置を $(11, 20)$ km とすれば，t 秒後の相対位置は

$$x = 11 - 420t, \quad y = 20 - 800t$$

であらわされる．$y = 0$ となる時間 t は

$$t = \frac{20}{800} = 0.025 \text{ h} = 90 \text{ s}$$

で，このとき

$$x = 11 - 420 \times 0.025 = 0.5 \text{ km}$$

すなわち，1 分 30 秒後に，南へ向かう B 機が東へ向かう A 機の直前 500 m のところを横切ることになる．

演習問題

4・1 自動車がスタートしてから 30 m 進む間に，速度が 40 km/h になった．このときの自動車の平均加速度はいくらか．

4・2 二つの駅の間を，図 4・14 のような速度線図で運転される電車の，出発駅か

らの距離 s を，時間 t の関数として図示せよ．

4·3 18 ノット（1 ノット = 1.852 km/h）の速さで航行している船が2分間で 45° だけ向きを変えるとき，その半径はいくらか．

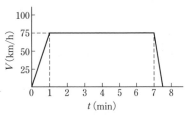

図 4·14　演習問題 4·2

4·4 30 m/s の速度で真上に投げた物体はどの高さまで上がるか．投げられてから再び落下するまでに，何秒かかるか．

4·5 水平面と 40° の角度で物体を投げたら，150 m の距離を飛んだ．物体を投げた初速度はいくらか．またこの物体が到達する最高の高さはいくらか．

4·6 おもりを落下させて杭を打つ杭打機がある．おもりが常に 8 m の高さまで引き上げられるとすれば，毎回落下に要する時間と衝撃速度はいくらか．

4·7 毎分 300 回の速度で回転しているはずみ車を減速して，20 秒後に半分の速度にした．この減速度を持続させれば，はずみ車を完全に停止させるまでにあと何秒かかるか．また，それまでにはずみ車は何回転するか．

4·8 月は地球のまわりを半径約 38.4×10^4 km の円軌道を描いて，27.3 日で 1 周している．月の加速度はいくらか．

4·9 船が 30 km だけ河をさかのぼるのに 1 時間 45 分，下るのに 1 時間 15 分かかった．流速と船の（静水中の）速度はいくらか．

4·10 50 km/h の北西風を受けて，対気速度が 400 km/h の航空機が真東に飛行するためには，どの方向に機首を向けて飛べばよいか．このときの対地速度はいくらか．

5
力と運動法則

5·1 ニュートンの運動法則

　前章までは,力の問題と物体の運動とは別々に切り離して考えてきた.しかし実際に物体を動かしたり,その運動を変化させたりする原因となるのが力であって,この両者をまったく切り離して考えるわけにはゆかない.力と運動との間の関係を与えるものはいわゆる三つの**ニュートン***の**運動法則**(Newton's law of motion)で,これによって力の概念がいっそう明確となり,現象の記述もより客観的なものとなる.

　第一法則　物体に力が作用しなければ,物体はいつまでも静止の状態を保つか,または等速直線運動を続ける.

　この法則を慣性の法則ともよんでいる.

　第二法則　物体に外力が働くときは,その方向に力の大きさに比例した加速度を生じる.

　物体に働く力を F,これによって生じる加速度を a であらわせば,第二法則は

$$ma = F \tag{5·1}$$

と書ける.この式の比例定数 m は物体によってそれぞれ異なる固有の値をもっており,m が大きければ,同じ大きさの力に対して小さい加速度しか生じない.したがって,m は物体の慣性の大小をあらわす量と考えられ,これを**質量**(mass)という.その大きさは,式(5·1)によって,F か a のどれか一つが与えられたとき,他の量を測定することによって定められる.物体に働く重力の大きさを W とすれば,$mg = W$ で,これより

---

*　Sir Isaac Newton (1643〜1727) イギリスの数学者,物理学者,天文学者

$$m = \frac{W}{g} \tag{5・2}$$

となる．物体に働く重力加速度 g は地球上の場所によってわずかずつ異なった値をもつが，ほぼ $g = 9.81 \text{ m/s}^2$ なので，式(5・2)によって物体に働く重力を測定して質量の大きさが決定される．

前章では，運動する距離に比べて大きさが小さい物体を，空間的なひろがりをもたない点と考えた．本章では，物体の質量を付加して，これを**質点**（mass point）という．

第三法則 二つの物体間に働く力は同一の作用線上にあって，大きさが等しく，向きが反対である．

この一方の力を**作用**（action），他方の力を**反作用**（reaction）といい，この法則を作用・反作用の法則ともよんでいる．

第三法則は，すでに力のつりあいを論じる際，何度も用いた法則である．作用と反作用の力は，床の上におかれた物体と床面や，互いに結合された機械の部品のような相接する物体間だけでなく，月と地球，地球と太陽間に働く万有引力や，電磁力など，互いに隔たった物体間にも作用する．

第三法則では，力の作用は単独に存在するものではなくて，一つの力が作用するとき，必ずこれと向きが反対で，大きさが等しい力が対をなして存在することを述べている．

〔**例題 5・1**〕 **自動車の加速** 質量 1250 kg の自動車が，走り出してから 5 秒後に 40 km/h の速度に達した．自動車を加速させるのに要した平均の力はいくらか．

〔**解**〕 自動車の平均加速度は
$$a = \frac{1}{5} \times \frac{40}{3.6} = 2.22 \text{ m/s}^2$$

したがって，この間に働く平均の駆動力は
$$F = 1.25 \times 2.22 = 2.78 \text{ kN}$$

となる．

〔**例題 5・2**〕 **アトウッドの器械** 図 5・1 のように，軽くて滑らかな滑車に細い糸をかけ，その両端に質量がすこし異なる 2 個のおもりを吊り下げる．滑車と糸の

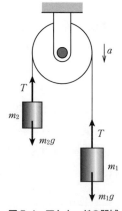

図5・1 アトウッドの器械

質量を省略して，物体の加速度と糸に働く張力を求めよ．

〔解〕 どちらか一方のおもりに働く糸の張力を T とすれば，その反作用として，他方のおもりにもこれと同じ大きさの張力が働く．質量 m_1 のおもりのほうが大きければ，m_1 は下向きに運動し，m_2 は上向きに運動する．その加速度を a とし，おのおののおもりに働く力の向きに注意すれば，式 (5·1) によって

$$m_1 a = m_1 g - T, \quad m_2 a = T - m_2 g \tag{a}$$

が成り立つ．この二つの式を加えると

$$(m_1 + m_2)a = (m_1 - m_2)g$$

となり，これから加速度

$$a = \frac{m_1 - m_2}{m_1 + m_2} g \tag{b}$$

が求められる．このときの糸の張力は，式 (a) のどちらかの式を用いて

$$T = \frac{2m_1 m_2}{m_1 + m_2} g \tag{c}$$

となる．二つのおもりの質量の差が小さいときは，加速度 a の大きさも小さい．たとえば $m_1 = 11$ kg で，$m_2 = 9$ kg のときは

$$a = \frac{11-9}{11+9} g = \frac{1}{10} g$$

となって，加速度の観測が楽になる．このように，物体の自由落下の法則をゆるやかな運動として計測する装置を**アトウッド**[*1]**の器械**（Atwood's machine）という．

5·2 ダランベールの原理

運動の第二法則は

$$F - ma = 0 \tag{5·3}$$

と書くこともできる．$-ma$ を質点 m に働く力とみなせば，この式は質点に働く力のつりあいの式と考えることができる．これを**ダランベール**[*2]**の原理**（d'Alembert's principle）といい，$-ma$ を**慣性力**（inertia force）とよんでいる．

[*1] G. Atwood（1746 ～ 1807）
[*2] Jean Le Rond d'Alembert（1717 ～ 1783）

慣性力は質量 m の物体に a の加速度を与えるときに生じる反力と考えられる．この原理は，ごく簡単な式の変形にすぎないが，動力学の問題を静力学の問題として取り扱うことを可能にした考え方で，日常の問題をよく理解するのに便利である．

たとえば，電車やバスが発車して加速するとき，吊革や乗客に車体の進行と逆の方向に力が働き，減速して停止するとき，進行方向に力が働くのもこの慣性力のためである．

〔例題 5・3〕 **昇降するエレベータ**　加速度 a で上昇するエレベータ（乗客を含めて質量 m）を吊り下げているロープにはいくらの力が働くか．減速するときはどうか．また，下降するときはどうか．

〔解〕 図 5・2 のように，ロープにはエレベータに働く重力と上昇する加速度による慣性力 $-ma$ が働いて，これがロープの張力 T とつりあうから

$$T - mg - ma = 0 \quad \text{(a)}$$

で，これより

$$T = m(g + a) \quad \text{(b)}$$

減速するときは，a の符号が負となるにすぎない．下降するときは，加減速が上昇する場合と逆になる．

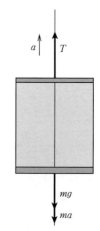

図 5・2　上昇するエレベータ

5・3 | 求心力と遠心力

1. 求心力と遠心力

半径 r の円周上を v の速さで運動する物体は，中心に向かって $a_n = v^2/r$ の求心加速度を受ける（4・2 節参照）．したがって，運動の法則により質量 m の物体には，図 5・3 のように円の中心に向かって大きさ

$$F = m\frac{v^2}{r} \quad (5 \cdot 4)$$

の力が働く．この力を**求心力**（centripetal force）という．求心力の大きさは角速度 ω を用いて

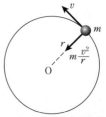

図 5・3　円運動する物体に働く求心力

$$F = mr\omega^2 \tag{5・5}$$

とも書ける．物体を円運動させるためには求心力を与える媒介物が必要で，物体にひもをつけて回転させるときは，ひもの張力が求心力を与え，月が地球のまわりを回転するときは，月と地球の間に働く万有引力が求心力となる．

　求心力によって円運動する物体には，その反作用である大きさが等しい外向きの慣性力が働く．この見かけの力を**遠心力**（centrifugal force）という．ひもの先におもりをつけて円運動させると，ひもはおもりに求心力を与えるが，逆におもりはひもを外側へ引っ張っている．これが遠心力である．

　自転車やオートバイがカーブを曲がるとき，車体を内側へ傾けるのも，列車や電車には，図 **5・4** のように，レールにカント（内外レールの高さの差）をつけるのも，すべて遠心力につりあうだけの力を与えるためである．

図 **5・4**　カーブを曲がる電車

〔**例題 5・4**〕　**遠心分離器**　液体を遠心分離器にかけて，その混合物を分離させたい．半径を 5 cm として，重力の 100 倍の遠心力を与えるには，どれだけの速度で回転させればよいか．

〔**解**〕　回転の角速度を ω とすれば，質量 m の液体に働く遠心力の大きさは

$$mr\omega^2 = 100\,mg$$

これより

$$\omega = \sqrt{\frac{100g}{r}} = \sqrt{\frac{100 \times 9.81}{0.05}} = 140.1 \text{ rad/s}$$

毎分の回転数になおして $N = 1339$ rpm となる．

〔**例題 5・5**〕　**自動車の横転**　車幅 1.5 m，重心が地面より 1.6 m の高さにある 5 t のトラックが半径 60 m の平らなカーブを曲がるとき，横転しないためには，いくらの速度でなければならないか．

〔**解**〕　図 **5・5** において，A 点まわりの遠心力のモーメントが，重力によるモーメントより小さいかぎり横転しないから

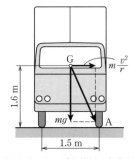

図 **5・5**　カーブを曲がる自動車

$$5 \times \frac{v^2}{60} \times 1.6 < 5 \times 9.81 \times \frac{1.5}{2}$$

したがって，自動車の質量に関係なく

$$v < \sqrt{\frac{9.81 \times 0.75 \times 60}{1.6}} = 16.6 \text{ m/s}$$

時速になおして，59.8 km/h を超えなければよい．

2. 円すい振子

質量 m のおもりを長さ l の伸びない糸で吊り，一定の角速度 ω で鉛直軸のまわりに回転させると，糸は図5·6のように円すい面を描く．これを**円すい振子**（conical pendulum）という．おもりが描く円の半径を r とすれば，おもりに働く遠心力は $mr\omega^2$ で，糸の張力 T の水平成分とつりあいを保つ．すなわち

$$mr\omega^2 = T \sin \theta \tag{5·6}$$

また，重力 mg と糸の張力の鉛直成分とのつりあいから

$$mg = T \cos \theta \tag{5·7}$$

式(5·6)を式(5·7)で割れば，おもりの質量に関係なく

$$\frac{r\omega^2}{g} = \tan \theta \tag{5·8}$$

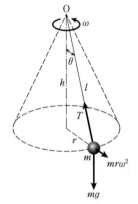

図5·6 円すい振子

このときの振子の高さを h とすれば，$r/h = \tan \theta$ で

$$h = \frac{g}{\omega^2} \quad \text{あるいは} \quad \omega = \sqrt{\frac{g}{h}} \tag{5·9}$$

となる．これより円すい振子の周期は

$$T = 2\pi \sqrt{\frac{h}{g}} \tag{5·10}$$

毎分の回転数は

$$N = \frac{30}{\pi} \sqrt{\frac{g}{h}} \tag{5·11}$$

となって，h の大きさに関係する．すなわち，回転の速度が大きくなれば，振子の

高さは低くなり，逆に速度が小さくなると，振子の高さは高くなる．

この性質を利用して，振子の運動をレバー機構を介して制御弁に伝え，蒸気や水の供給量を自動的に調節して，蒸気機関や水車などの回転数を一定に保たせることができる．これがいわゆる調速機の原理である．

〔**例題 5・6**〕 毎分 100 回転する円すい振子の高さはいくらか．回転速度が ±5% だけ変化すれば，高さはいくら変わるか．

〔**解**〕 式(5・9)により

$$h = \frac{981}{[(\pi/30)\times 100]^2} = 8.95 \text{ cm}$$

5% だけ回転速度が増して，$N = 105$ rpm になると

$$h' = \frac{981}{[(\pi/30)\times 105]^2} = 8.12 \text{ cm}$$

で，0.83 cm だけ高さが減少する．逆に 5% だけ回転速度が減って，$N = 95$ rpm になると

$$h'' = \frac{981}{[(\pi/30)\times 95]^2} = 9.92 \text{ cm}$$

で，0.97 cm だけ高くなる．

5・4 天体の運動

1. 万有引力

地球が太陽のまわりを回転し，月が地球のまわりを回転するときの求心力は，地球と太陽，月と地球間に働く**万有引力**（universal gravitation）である．ニュートンの万有引力の法則によれば

　質量 m_1, m_2 の二つの物体間に働く万有引力の大きさは，二つの質量に比例し，物体（の重心）間の距離 r の 2 乗に反比例する．

すなわち

$$F = G\frac{m_1 m_2}{r^2} \tag{5・12}$$

G は万有引力の定数で，$G = 6.670 \times 10^{-11}$ m³/(kg·s²) という小さい値をもってい

る．したがって，万有引力の大きさはもともと小さいものであるが，地球と太陽，物体と地球というように，両方の物体，あるいは一方の物体の質量が大きいと無視できない値となる．

2. 月の運動と地球の質量

月は地球のまわりを半径 $R_M = 3.84 \times 10^5$ km の円に近い軌道で回転しており，地球を1周するいわゆる公転周期（恒星月）は $T = 27.3$ 日である．月の質量を M_M とすれば，月に働く遠心力は $M_M R_M \omega^2$ $(\omega = 2\pi/T)$ で，これが月と地球との間に働く万有引力とつりあうことから

$$M_M R_M \omega^2 = G \frac{M_M M_E}{R_M^2} \tag{5・13}$$

M_E は地球の質量で，この式から

$$\begin{aligned} M_E &= \frac{R_M^3 \omega^2}{G} = \frac{R_M^3}{G} \left(\frac{2\pi}{T}\right)^2 \\ &= \frac{(3.84 \times 10^8)^3}{6.670 \times 10^{-11}} \times \left(\frac{2\pi}{27.3 \times 24 \times 3600}\right)^2 \\ &= 5.94 \times 10^{24} \text{ kg} \end{aligned} \tag{5・14}$$

となる．

3. 惑星の運動と太陽の質量

地球をはじめ，惑星は太陽のまわりを円に近い軌道で回転している．このうち軌道の半径が短くて，最も太陽に近いのは水星で，ついで金星，地球，火星，木星，土星，… の順となっている．

表 5・1 に地球の軌道半径を基準にした惑星の軌道半径比と，太陽のまわりを，1周する公転周期を示す．地球の公転周期は1年，軌道半径は1天文単位ともよばれ，$R_E = 1.495 \times 10^8$ km である．表 5・1 の各惑星の軌道半径と公転周期の関係を両対数グラフに描いてみると，図 5・7 のように直線的

表 5・1 惑星の定数

惑星	軌道半径比 R/R_E	公転周期 T（年）
水 星	0.387	0.241
金 星	0.723	0.615
地 球	1.000	1.000
火 星	1.524	1.881
木 星	5.20	11.87
土 星	9.57	29.66
天王星	19.1	83.58
海王星	30.1	165.3
冥王星	39.3	246.5

になる．そのこう配から

$$T \propto R^{3/2} \qquad (5\cdot15)$$

すなわち，惑星の公転周期は軌道半径の3/2乗に比例する（ケプラー*¹の法則）ことがわかる．

太陽の質量を M_S とすれば，式(5·14)を導いたのと同様の計算をして

$$M_S = \frac{R_E^3}{G}\left(\frac{2\pi}{T}\right)^2$$

$$= \frac{(1.495\times10^{11})^3}{6.670\times10^{-11}}$$

$$\times\left(\frac{2\pi}{365\times24\times3600}\right)^2$$

$$= 1.99\times10^{30}\,\text{kg} \qquad (5\cdot16)$$

で，地球の33.5万倍の質量をもっている．

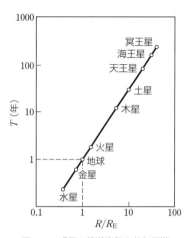

図5·7　惑星の軌道半径と公転周期

〔**例題5·7**〕　**人工衛星**　図5·8のように，（地表からの）高度 h で円軌道を描いて飛ぶ人工衛星の速度と公転周期はいくらか．

〔解〕　地球の半径を R とすれば，質量 m の人工衛星に働く遠心力の大きさは $m\times(R+h)\omega^2$ で，これが衛星に働く地球の引力*²

$$G\frac{mM_E}{(R+h)^2} = mg\frac{R^2}{(R+h)^2}$$

とつりあうことから

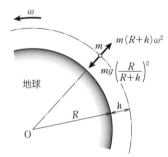

図5·8　円軌道を描く人工衛星

(a)

---

*¹　Johannes Kepler（1571～1630）
*²　地表にある物体に働く地球の引力は重力 mg に等しいので

$$G\frac{mM_E}{R^2} = mg$$

これより

$$\frac{GM_E}{R^2} = g\text{ の関係がある．}$$

$$m(R+h)\omega^2 = mg\left(\frac{R}{R+h}\right)^2 \tag{b}$$

これより，人工衛星の速度は

$$v = (R+h)\omega = R\sqrt{\frac{g}{R+h}} \tag{c}$$

公転周期は

$$T = \frac{2\pi}{R}\sqrt{\frac{(R+h)^3}{g}} \tag{d}$$

となる．

とくに，高度 0 で飛ぶ人工衛星の場合は，地球の半径 $R = 6370$ km を用いて，速度は

$$v_\mathrm{I} = \sqrt{Rg} = \sqrt{6370 \times 9.81 \times 10^{-3}} = 7.91 \text{ km/s} \tag{e}$$

公転周期は

$$\begin{aligned} T_\mathrm{I} &= 2\pi\sqrt{\frac{R}{g}} = 2\pi\sqrt{\frac{6370}{9.81 \times 10^{-3}}} = 5061 \text{ 秒} \\ &= 1 \text{ 時間 } 24 \text{ 分 } 21 \text{ 秒} \end{aligned} \tag{f}$$

となる．v_I は飛行物体が人工衛星となりうる最小の速度で，これを**第一宇宙速度** (spaceflight velocity) という．

〔**例題 5・8**〕 **静止衛星** 地球の赤道上空を西から東へ 86164 秒（1 恒星日）の周期で円軌道を描いて飛ぶ人工衛星は，地球上から眺めるとあたかも上空に静止しているかのようにみえるので，静止衛星とよばれる．この人工衛星の速度と高度はいくらか．

〔**解**〕 例題 5・7 の式(d)を解いて，高度は

$$\begin{aligned} h &= \sqrt[3]{g\left(\frac{RT}{2\pi}\right)^2} - R \\ &= \sqrt[3]{9.81 \times 10^{-3}\left(\frac{6370 \times 86164}{2\pi}\right)^2} - 6370 \\ &= 35789.3 \text{ km} \end{aligned}$$

速度は

$$v = \frac{2\pi}{T}(R+h) = \frac{2\pi}{86164}(6370+35789.3) = 3.07 \text{ km/s}$$

となる．

演習問題

5・1 25 km/h の速度で水平な軌道上を走っている 15 t の貨車にブレーキをかけた．制動力が貨車に働く重力の 2% であったとすれば，減速度はいくらか．また，貨車が停止するまでにどれだけの距離を走るか．

5・2 大きさ F の力で，長さ l，質量 m の鎖の一端を鉛直に引き上げる．このとき，鎖に働く加速度と張力はいくらか．

5・3 駅を出発した電車が加速したら，車内の吊革が 10° の角度で後方に傾いた．加速度の大きさはいくらか．

5・4 図 5・9 のように，両端に軽い皿をつけた糸を滑車にかけて，おのおのの皿に質量 m の物体を載せ，さらに一方の皿にこれと等しい質量の物体を積み重ねると，皿はいくらの加速度で運動するか．このとき，積み重ねた二つの物体の間には，どれだけの力が働くか．皿と滑車の質量を省略して計算せよ．

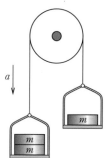

図 5・9　演習問題 5・4

5・5 1 m/s² の加速度で上昇している 120 kg の気球から 8 kg の砂袋を投下すると，その後の気球の加速度はどう変わるか．気球に働く空気抵抗を省略して計算せよ．

5・6 長さ 40 cm の糸の先端に球を取りつけた円すい振子が，鉛直線と 55° の角度で回転している．このときの振子の回転数と，糸に働く張力はいくらか．

5・7 月が地球のまわりを回転する軌道の半径は，地球の半径 R，地球の表面における重力加速度 g，月の公転周期 T によって

$$R_M = \sqrt[3]{\left(\frac{RT}{2\pi}\right)^2 g}$$

で与えられることを示せ．数値 $R = 6370$ km，$T = 27.3$ 日を用いて，軌道半径を求めよ．

5・8 月の半径は 1740 km，質量は地球のおよそ 1/80 である．月の表面からの高度 30 km で宇宙船が円軌道を描くに要する時間はいくらか．

6
剛体の運動

6・1 剛体の平面運動

1. 剛体の平面運動

剛体の対称面か，重心を含む平面内に力が働くと，内部の点はすべてその平面に平行な平面運動をする．機械の複雑にみえる運動も，特別なものを除けば，ほとんどが平面運動である．

剛体の平面運動には，剛体内のすべての点が同じ速度と加速度で平行に移動する**並進運動**（translation）と，剛体内の一点を中心として回転する**回転運動**（rotation）とがある．一般の運動はこの二つの運動を合成して得られる．

たとえば，図 6・1 に示す剛体内の線分 AB が A′B′ の位置まで移動した場合，図（**a**）のように，まず AB が A*B* まで並進運動したのち，回転して A′B′ まで移動したものと考えられる．また，この順序とは逆に，図（**b**）のように，まず AB が A**B** まで回転したのち，A′B′ へ平行移動したと考えてもよい．

あるいは，このような合成運動を考えないで，図 6・2 のように，二つの線分

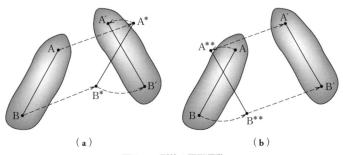

図 6・1　剛体の平面運動

AA′，BB′ の垂直二等分線の交点 C を中心とした回転運動だけで，直接 AB を A′B′ に移動させることもできる．剛体の任意の平面運動は，このような点 C を中心とする瞬間的な回転運動が連続するものと考えられ，この点を**瞬間中心**（instantaneous center）とよんでいる．

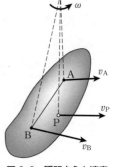

図 6・2　剛体運動の瞬間中心

2. 速度と加速度

平面運動をしている剛体内の任意の二点 A，B の速度を v_A, v_B とすれば，図 6・3 のように，この二点で各速度ベクトルに立てた垂線の交点 C は瞬間中心で，この点のまわりの角速度は

$$\omega = \frac{v_A}{\overline{CA}} = \frac{v_B}{\overline{CB}} \tag{6・1}$$

で与えられる．そしてこのとき，剛体内の点 P の速度は直線 CP に垂直で

$$v_P = \omega \cdot \overline{CP} \tag{6・2}$$

の大きさをもっている．

図 6・4 のように，平面運動をしている物体内のある点 A が速度 v_A で運動し，この点のまわりに他の点 B が角速度 ω で回転するとき，A 点に対する相対速度は $v_{BA} = \vec{r\omega}$ で，（静止座標系に対して）B 点は

$$v_B = v_A + v_{BA} \tag{6・3}$$

の速度で運動する．

A 点が a_A の加速度をもち，B 点がこの A 点のまわりに角速度 ω，角加速度 α で回転する場合は，図 6・5 のように，B 点は A 点に対して相対的な接線加速度 $a_{t,BA} = \vec{r\alpha}$ と，法線加速度 $a_{n,BA} = \vec{r\omega^2}$ をもつ．その結果，（静止座標系に対する）B 点の加速度は

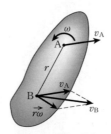

図 6・4　剛体の速度

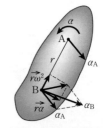

図 6・5　剛体の加速度

$$a_B = a_A + a_{t,BA} + a_{n,BA} \tag{6・4}$$

となる．

〔**例題6・1**〕 **タイヤの対地速度** 図 6・6 に示す速度 v で走行している自動車のタイヤの周縁上の点は，地面に対していくらの速度をもつか．

〔**解**〕 タイヤがすべらないでころがるときは，周縁上の点 P の車輪の中心 O に対する相対速度は，自動車の速度 v の大きさに等しく，タイヤの接線方向を向いている．したがって，P 点の対地速度の成分は

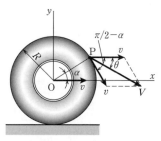

図 6・6 タイヤの対地速度

$$\left.\begin{array}{l} V_x = v + v\cos\left(\dfrac{\pi}{2} - \alpha\right) = v(1 + \sin\alpha) \\[6pt] V_y = -v\sin\left(\dfrac{\pi}{2} - \alpha\right) = -v\cos\alpha \end{array}\right\} \tag{a}$$

で，これから大きさは

$$V = \sqrt{v^2(1+\sin\alpha)^2 + v^2\cos^2\alpha} = v\sqrt{2(1+\sin\alpha)} \tag{b}$$

路面との間の角度は

$$\theta = -\tan^{-1}\left(\frac{\cos\alpha}{1+\sin\alpha}\right) \tag{c}$$

となる．対地速度は，タイヤの最も上の点（$\alpha = \pi/2$）で自動車の速度の 2 倍となり，最も下の接地点（$\alpha = -\pi/2$）でゼロとなる．

6・2 固定軸のまわりの回転運動

図 6・7 のように，ある固定軸 OO′ のまわりに回転する剛体の回転運動を考えてみよう．このとき，剛体内部の各点は軸に垂直な平面内で円運動する．剛体が角加速度 α で回転するときは，半径 r_i にある質量 m_i の小さい部分は大きさ $r_i\alpha$ の円周方向の加速度をもち，これに働く円周力を f_i とすれば，運動の第二法則により

$$m_i r_i \alpha = f_i \quad (6\cdot5)$$

が成り立つ．この力による OO′ 軸まわりのモーメントは

$$m_i r_i^2 \alpha = f_i r_i \quad (6\cdot6)$$

で，剛体全体では

$$(\sum m_i r_i^2)\alpha = \sum f_i r_i \quad (6\cdot7)$$

となる．$\sum f_i r_i$ は小さい体積に働く力による OO′ 軸まわりのモーメントの総和で，外部から剛体に働くトルク T に等しい．また，左辺の $\sum m_i r_i^2$ を積分の形で

$$I = \int r^2 dm \quad (6\cdot8)$$

と書けば，式(6·7)は

$$I\alpha = T \quad (6\cdot9)$$

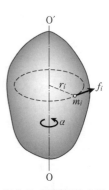

図6·7 固定軸まわり剛体の回転

となる．I はこの物体の OO′ 軸まわりの回転に関する慣性をあらわす量で，これを**慣性モーメント**（moment of inertia）という．式(6·9)は剛体の回転運動の方程式で，直線運動の方程式(5·1)に対応する．剛体に働くトルクが一定のとき，剛体に生じる角加速度は慣性モーメントに反比例する．すなわち，慣性モーメントが大きい回転体ほど，加速・減速しにくいこととなる．

〔例題6·2〕 **はずみ車の加速** 慣性モーメントが 5.0 kg·m² のはずみ車を，回転しはじめてから 40 秒間に 300 rpm まで加速するには，いくらのトルクが必要か．

〔解〕 はずみ車の角加速度は

$$\alpha = \frac{1}{40}\left(\frac{\pi}{30}\times 300\right) = \frac{\pi}{4} \text{ rad/s}^2$$

式(6·9)によって，この間に必要なトルクは

$$T = 5.0 \times \frac{\pi}{4} = 3.9 \text{ N·m}$$

となる．

〔例題6·3〕 **ドラムに吊られた物体** 図6·8 のように，半径 R，慣性モーメント I のドラムに綱を巻き，その端に質量 m の物体を吊ると，ドラムと物体はどんな運動

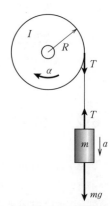

図6·8 ドラムに吊られた物体

をするか．

〔**解**〕 吊られた物体の加速度を a，綱に働く張力を T とすれば，物体の運動方程式は

$$ma = mg - T \tag{a}$$

ドラムの回転運動の方程式は

$$I\alpha = TR \tag{b}$$

で，ドラムの角加速度 α と物体の加速度の間には

$$a = R\alpha \tag{c}$$

の関係がある．式(**b**)と(**c**)によって得られる張力 $T = (I/R^2)a$ の値を，式(**a**)に代入して

$$ma = mg - \frac{I}{R^2}a$$

この式から加速度 a を解いて

$$a = \frac{g}{1 + I/mR^2} \tag{d}$$

となる．

6·3 慣性モーメント

1. 慣性モーメント

前節で説明したように，剛体を構成する小さい要素の質量 m_i と，ある軸からその微小要素までの距離 r_i の2乗の積を，剛体全体で加え合わせた

$$I = \sum m_i r_i^2 \tag{6·10}$$

あるいは，これを積分形であらわした式(**6·8**)の I を，この軸のまわりの慣性モーメントという．

剛体の全質量を M として，慣性モーメントは

$$I = Mk^2, \quad k = \sqrt{\frac{I}{M}} \tag{6·11}$$

と書ける．k は回転軸まわりの慣性モーメントを一定にしたまま，全質量が一点に集中したと考えたときの軸からこの点までの距離で，これをその軸のまわりの**回転**

半径（radius of gyration）という．定義によって，慣性モーメントは kg·m^2，回転半径は m の単位で測られる．

工学上の問題には，質量に代わって，面積に関する慣性モーメント

$$I = \int r^2 dA \tag{6・12}$$

がよく用いられる．dA は軸から r の距離にある面積要素である．全体の面積を A とすれば

$$I = Ak^2, \quad k = \sqrt{\frac{I}{A}} \tag{6・13}$$

で，この I を**断面二次モーメント**（second moment of area）といい，k を**断面二次半径**（radius of gyration of area）という．断面二次モーメントは m^4 の単位をもっている．

2. 慣性モーメントに関する定理

慣性モーメントを計算するために，つぎの二つの定理がよく用いられる．

（1） 平行軸の定理

物体（質量 M）のある軸のまわりの慣性モーメントを I，この物体の重心 G を通ってその軸に平行な軸のまわりの慣性モーメントを I_G とし，両軸間の距離を d とすれば

$$I = I_G + Md^2 \tag{6・14}$$

の関係がある．

これを証明するために，図 **6・9** のように，重心を通る軸に垂直な平面を考え，両軸との交点 O, G をそれぞれ原点とする平行な直交座標系 O-xy，G-$x'y'$ をとる．物体の小さい要素の質量を dm，これらの座標系に対する座標をそれぞれ (x, y)，(x', y') とし，重心の x, y 座標を (x_G, y_G) とすれば

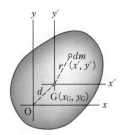

図 **6・9** 平行軸の定理

$$I = \int (x^2 + y^2) dm = \int [(x_G + x')^2 + (y_G + y')^2] dm$$

$$= \int (x_G^2 + y_G^2) dm + 2x_G \int x' dm + 2y_G \int y' dm + \int (x'^2 + y'^2) dm$$

$$\tag{6・15}$$

重心の定義によって

$$\int x' dm = 0, \quad \int y' dm = 0 \tag{6.16}$$

で, $x_G{}^2 + y_G{}^2 = d^2$, $x'^2 + y'^2 = r^2$ (r は G と dm 間の距離) であるから, 式(6.15) は $I = Md^2 + I_G$ となって, 式(6.14)が導かれる. O 軸と G 軸まわりの回転半径を それぞれ k, k_G とすれば, 式(6.14)によって

$$k^2 = k_G{}^2 + d^2 \tag{6.17}$$

となる.

(2) 直交軸の定理

平面板上の任意の点 O を通り, これに垂直な軸のまわりの板の慣性モーメント I_p は, O 点を通りその平面内で直交する 2 直線のまわりの慣性モーメント I_x と I_y の和に等しい. すなわち

$$I_p = I_x + I_y \tag{6.18}$$

このように, 面に垂直な慣性モーメントを**極慣性モーメント** (polar moment of inertia) という.

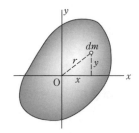

図 6・10 直交軸の定理

図 6・10 より $r^2 = x^2 + y^2$, したがって

$$I_p = \int r^2 dm = \int y^2 dm + \int x^2 dm = I_x + I_y$$

となる.

3. 簡単な物体の慣性モーメント

実際の問題にしばしばでてくる簡単な形をした物体の慣性モーメントを計算してみよう.

〔**例題 6・4**〕 **細い真直棒** 図 6・11 に示す長さ l, 質量 M の一様な細い棒の慣性モーメントと回転半径を求めよ.

〔**解**〕 棒の中心 (重心) G から測った長さを x とすれば, 微小な長さ dx の質量は $(M/l)dx$ なので, 重心を通って棒に垂直な yy 軸まわりの慣性モーメントは

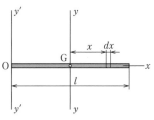

図 6・11 真直棒の慣性モーメント

$$I_y = \int_{-l/2}^{l/2} \frac{M}{l} x^2 dx = \frac{2M}{l} \int_0^{l/2} x^2 dx = \frac{1}{12} Ml^2 \quad \text{(a)}$$

回転半径は

$$k_y = \sqrt{\frac{I_y}{M}} = \frac{l}{2\sqrt{3}} \quad \text{(b)}$$

である．平行軸の定理〔式(6·14)〕によって，棒の一端を通り，これと垂直な $y'y'$ 軸まわりの慣性モーメントは

$$I_{y'} = I_y + M\left(\frac{l}{2}\right)^2 = \frac{1}{12} Ml^2 + \frac{1}{4} Ml^2 = \frac{1}{3} Ml^2 \quad \text{(c)}$$

回転半径は

$$k_{y'} = \sqrt{\frac{I_{y'}}{M}} = \frac{l}{\sqrt{3}} \quad \text{(d)}$$

〔**例題6·5**〕 **長方形板** 図6·12に示す質量 M，辺の長さ $a \times b$ の薄い長方形板の慣性モーメントと回転半径を求めよ．

〔**解**〕 長方形板を，図のように，重心を通る xx 軸に平行な幅 dy の細い帯状の面積に分けると，この部分の質量は $(M/ab)ady$ であるから，xx 軸まわりの慣性モーメントは

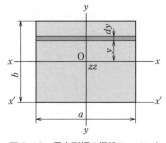

$$I_x = \int_{-b/2}^{b/2} \frac{M}{b} y^2 dy = \frac{1}{12} Mb^2 \quad \text{(a)}$$

図6·12 長方形板の慣性モーメント

回転半径は

$$k_x = \sqrt{\frac{I_x}{M}} = \frac{b}{2\sqrt{3}} \quad \text{(b)}$$

同様にして，重心を通り，これと垂直な yy 軸まわりの慣性モーメントと回転半径は

$$I_y = \frac{1}{12} Ma^2 \quad \text{(c)}$$

および

$$k_y = \frac{a}{2\sqrt{3}} \quad \text{(d)}$$

である．直交軸の定理によって，重心を通り，板に垂直な zz 軸まわりの極慣性モーメントは

$$I_z = I_x + I_y = \frac{1}{12}M(a^2+b^2) \quad (\text{e})$$

回転半径は

$$k_z = \sqrt{\frac{I_z}{M}} = \frac{\sqrt{a^2+b^2}}{2\sqrt{3}} \quad (\text{f})$$

さらに，平行軸の定理によって，板の一辺 ($x'x'$ 軸) まわりの慣性モーメントは

$$I_{x'} = I_x + M\left(\frac{b}{2}\right)^2 = \frac{1}{3}Mb^2 \quad (\text{g})$$

回転半径は

$$k_{x'} = \sqrt{\frac{I_{x'}}{M}} = \frac{b}{\sqrt{3}} \quad (\text{h})$$

である．

〔**例題 6・6**〕 **円板** 図 6・13 に示す半径 R，質量 M の薄い円板の中心を通る軸のまわりの慣性モーメントと回転半径を求めよ．

〔**解**〕 図のように，円板を半径 r，幅 dr の薄いリング状の面積に分けると，この部分の質量は $(M/\pi R^2)2\pi r dr$ であるから，中心を通り，円板に垂直な zz 軸まわりの極慣性モーメントは

$$I_p = \int_0^R r^2 \frac{M}{\pi R^2} 2\pi r dr = \frac{2M}{R^2}\int_0^R r^3 dr = \frac{1}{2}MR^2 \quad (\text{a})$$

回転半径は

$$k_p = \sqrt{\frac{I_p}{M}} = \frac{R}{\sqrt{2}} \quad (\text{b})$$

中心を通り，互いに直交する xx 軸と yy 軸のまわりの慣性モーメントは，$I_p = I_x + I_y$ から

$$I_x = I_y = \frac{1}{2}I_p = \frac{1}{4}MR^2 \quad (\text{c})$$

回転半径は

$$k_x = k_y = \frac{R}{2} \quad (\text{d})$$

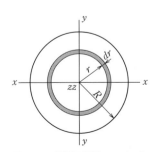

図 6・13 円板の慣性モーメント

となる．

〔例題 6・7〕 **直円柱** 図 6・14 に示す質量 M，半径 R，高さ h の直円柱の重心を通る xx 軸と zz 軸まわりの慣性モーメントを求めよ．

〔解〕 図のように，円柱の重心から z の距離にある厚さ dz の薄い円板を考える．この円板の質量は $(M/h)dz$ であるから，例題 6・6 の式(c)により，その直径のまわりの慣性モーメントは

$$dI = \frac{R^2}{4}dM = \frac{MR^2}{4h}dz$$

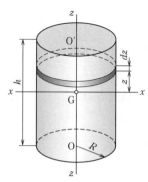

図 6・14 直円柱の慣性モーメント

したがって，平行軸の定理によって，この薄い円板の xx 軸まわりの慣性モーメントは

$$dI_x = dI + z^2 dM = \frac{MR^2}{4h}dz + \frac{M}{h}z^2 dz$$

円板全体で積分して

$$I_x = \int_{-h/2}^{h/2} \left(\frac{MR^2}{4h} + \frac{M}{h}z^2\right)dz = \frac{2M}{h}\left|\frac{R^2}{4}z + \frac{1}{3}z^3\right|_0^{h/2}$$

$$= M\left(\frac{R^2}{4} + \frac{h^2}{12}\right) \tag{a}$$

となる．

zz 軸まわりの慣性モーメントは，薄い円板の極慣性モーメント

$$dI_p = \frac{R^2}{2}dM = \frac{MR^2}{2h}dz$$

を円柱全体で積分して

$$I_z = \int_{-h/2}^{h/2} \frac{MR^2}{2h}dz = M\frac{R^2}{2} \tag{b}$$

となり，円柱の高さに直接関係しない．

〔例題 6・8〕 **球** 質量 M，半径 R の球の直径のまわりの慣性モーメントを求めよ．

〔解〕 図 6・15 に示す厚さ dz の薄い切片を考える．この切片は

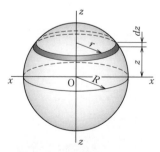

図 6・15 球の慣性モーメント

半径 $r = \sqrt{R^2 - z^2}$

質量 $dM = \dfrac{M}{(4\pi/3)R^3}\pi r^2 dz$

の円板と考えられるので，その極慣性モーメント $(r^2/2)dM$ を全部集めて

$$I_z = 2\int_0^R \frac{r^2}{2} dM = \frac{3}{4}\frac{M}{R^3}\int_0^R (R^2-z^2)^2 dz = \frac{2}{5}MR^2 \qquad (\mathrm{a})$$

となる．

表 6・1 に簡単な形をした物体の慣性モーメントを示す．

表 6・1　簡単な形をした物体の慣性モーメント

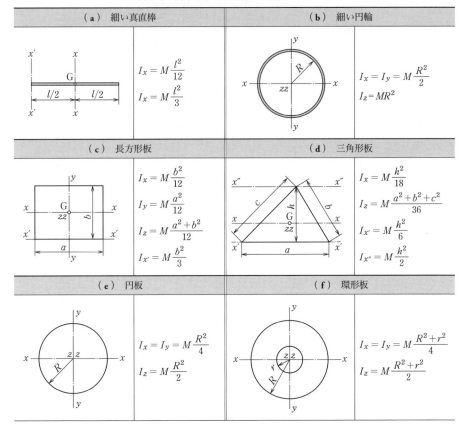

(次ページへつづく)

(g) 扇形板	**(h) だ円板**
$I_x = M\dfrac{R^2}{4}\left(1+\dfrac{\sin\alpha}{\alpha}\right)$ $I_y = M\dfrac{R^2}{4}\left(1-\dfrac{\sin\alpha}{\alpha}\right)$ $I_z = M\dfrac{R^2}{2}$	$I_x = M\dfrac{b^2}{4}$ $I_y = M\dfrac{a^2}{4}$ $I_z = M\dfrac{a^2+b^2}{4}$
(i) 直方体	**(j) 直円柱**
$I_x = M\dfrac{b^2+c^2}{12}$ $I_{x'} = M\left(\dfrac{b^2}{12}+\dfrac{c^2}{3}\right)$	$I_x = M\left(\dfrac{R^2}{4}+\dfrac{h^2}{12}\right)$ $I_z = M\dfrac{R^2}{2}$
(k) 中空円柱	**(l) 四角すい**
$I_x = M\left(\dfrac{R^2+r^2}{4}+\dfrac{h^2}{12}\right)$ $I_z = M\dfrac{R^2+r^2}{2}$	$I_x = M\dfrac{4b^2+3h^2}{80}$ $I_z = M\dfrac{a^2+b^2}{20}$
(m) 直円すい	**(n) 球**
$I_x = M\dfrac{12R^2+3h^2}{80}$ $I_z = M\dfrac{3R^2}{10}$	$I_x = I_z = M\dfrac{2R^2}{5}$

(次ページへつづく)

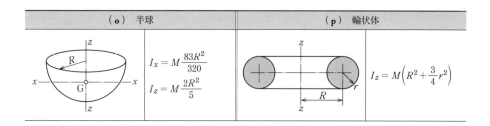

(o) 半球	(p) 輪状体
$I_x = M\dfrac{83R^2}{320}$ $I_z = M\dfrac{2R^2}{5}$	$I_z = M\left(R^2 + \dfrac{3}{4}r^2\right)$

さらに具体的な計算例をいくつかあげておこう．

〔例題 6・9〕 **U 字棒** 図 6・16 に示す質量 M の細い一様な U 字棒の xx 軸と zz 軸まわりの慣性モーメントはいくらか．

〔解〕 各直線部分の質量は $M/3$ であるから，xx 軸まわりの慣性モーメントは

$$I_x = 2 \times \frac{M}{3}\frac{l^2}{3} + \frac{M}{3}l^2$$

$$= \frac{5}{9}Ml^2 \qquad (\text{a})$$

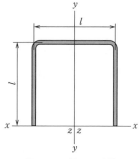

図 6・16 細い U 字棒

yy 軸まわりの慣性モーメントは

$$I_y = 2 \times \frac{M}{3}\left(\frac{l}{2}\right)^2 + \frac{M}{3}\frac{l^2}{12}$$

$$= \frac{7}{36}Ml^2 \qquad (\text{b})$$

zz 軸まわりの慣性モーメントは，この二つを加えて

$$I_z = I_x + I_y = \frac{5}{9}Ml^2 + \frac{7}{36}Ml^2$$

$$= \frac{3}{4}Ml^2 \qquad (\text{c})$$

となる．

〔例題 6・10〕 **はずみ車** 図 6・17 に示す鋳鉄製はずみ車の質量，および回転軸まわりの慣性モーメ

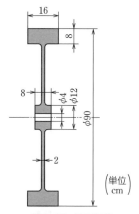

図 6・17 はずみ車

ントと回転半径を求めよ．

〔解〕 はずみ車の全質量と慣性モーメントはリム，ウェブ，ハブ（ボス）の各部分の和に等しい．鋳鉄の密度はおよそ 7.2×10^{-3} kg/cm^3 なので，各部分の質量は

$$M_R = 7.2 \times 10^{-3} \times 16 \times \frac{\pi}{4}(90^2 - 74^2) = 237.3 \text{ kg}$$

$$M_W = 7.2 \times 10^{-3} \times 2 \times \frac{\pi}{4}(74^2 - 12^2) = 60.3 \text{ kg}$$

$$M_B = 7.2 \times 10^{-3} \times 8 \times \frac{\pi}{4}(12^2 - 4^2) = 5.8 \text{ kg}$$

したがって，全質量は

$$M = 237.3 + 60.3 + 5.8 = 303.4 \text{ kg}$$

各部分の慣性モーメントは，表 **6·1** の (**f**) により

$$I_R = 237.3 \times \frac{45^2 + 37^2}{2} = 40.3 \times 10^4 \text{ kg·cm}^2$$

$$I_W = 60.3 \times \frac{37^2 + 6^2}{2} = 4.2 \times 10^4 \text{ kg·cm}^2$$

$$I_B = 5.8 \times \frac{6^2 + 2^2}{2} = 116 \text{ kg·cm}^2$$

合計で

$$I = 40.3 + 4.2 + 0.0 = 44.5 \text{ kg·m}^2$$

リム部の慣性モーメントが格段に大きいことに気づくであろう．回転半径は

$$k = \sqrt{\frac{44.5 \times 10^4}{303}} = 38.3 \text{ cm}$$

である．

〔**例題 6·11**〕 **I 形断面の断面二次モーメント** 図 **6·18** に示す I 形断面の面積と，三つの直交軸に関する断面二次モーメントを計算し，これと外形寸法が等しい長方形断面の値と比較してみよ．

〔解〕 I 形断面の面積は

$$A = 10 \times 20 - 9.3 \times 18 = 200 - 167.4$$
$$= 32.6 \text{ cm}^2$$

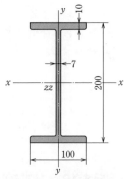

図 **6·18** I 形断面の二次モーメント

で，長方形断面の面積 $A^{(R)} = 200 \text{ cm}^2$ の約 1/6.1 である．これに対して断面二次モーメントは

$$I_x = \frac{1}{12} \times 10 \times 20^3 - \frac{1}{12} \times 9.3 \times 18^3 = 2147 \text{ cm}^4$$

$$I_y = \frac{1}{12} \times 2 \times 10^3 + \frac{1}{12} \times 18 \times 0.7^3 = 167 \text{ cm}^4$$

$$I_z = 2147 + 167 = 2314 \text{ cm}^4$$

で，長方形断面の値

$$I_x^{(R)} = \frac{1}{12} \times 10 \times 20^3 = 6667 \text{ cm}^4$$

$$I_y^{(R)} = \frac{1}{12} \times 20 \times 10^3 = 1667 \text{ cm}^4$$

$$I_z^{(R)} = 6667 + 1667 = 8334 \text{ cm}^4$$

と比べて，I_x は 1/3.1，I_z は 1/3.6 となっているにすぎない．

6・4　剛体の平面運動の方程式

物体の対称面，あるいは重心を含む一つの平面内でこれにいくつかの力が働くとき，物体は平面運動をする．物体に働く多くの力は，その重心に働く合力 F と，重心まわりの合力のモーメント $M = Fl$ でおきかえられる（**2・3** 節参照）が，この力 F によって物体の並進運動が決定し，モーメント M によって重心まわりの回転運動が決定する．

すなわち，物体の質量を m とすれば，重心の運動方程式は

$$ma = F \tag{6・19}$$

重心のまわりの慣性モーメントを I とすれば，回転運動の方程式は

$$I\alpha = M \tag{6・20}$$

で，この一組の連立方程式を解くことによって，物体の平面運動が決定する．簡単な例について計算してみよう．

〔**例題 6・12**〕　**糸に巻かれた円板**　質量 m，半径 R の円板に糸を巻きつけ，図 **6・19** のように糸の一端を固定して円板を放すと，円板はどんな運動をするか．

このとき，糸に働く張力はいくらか．

〔解〕 この円板には，鉛直方向に重力 mg と糸の張力 T が作用する．したがって，重心の運動方程式は

$$ma = mg - T \qquad (\mathbf{a})$$

重心まわりの回転運動の方程式は

$$I\alpha = TR \quad \left(I = \frac{1}{2}mR^2\right) \qquad (\mathbf{b})$$

となる．この場合，重心の加速度と回転の角加速度との間に，$a = R\alpha$ の関係があるから，これを式($\mathbf{a}$)に代入して得た式と式($\mathbf{b}$)から T を消去して，円板の角加速度

$$\alpha = \frac{2g}{3R} \qquad (\mathbf{c})$$

が求められる．重心の加速度は

$$a = \frac{2}{3}g \qquad (\mathbf{d})$$

で，自由落下の加速度の 2/3 である．また，糸の張力は式($\mathbf{b}$)により

$$T = I\frac{\alpha}{R} = \frac{1}{2}mR^2 \frac{2g}{3R^2} = \frac{1}{3}mg \qquad (\mathbf{e})$$

となる．

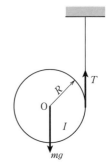

図 6・19 糸に巻かれた円板

〔例題 6・13〕 **斜面をころがる円柱** 質量 m，半径 R の円柱が，図 6・20 のように，水平面と θ の角度をもつ斜面をすべることなくころがるときの運動を調べよ．

〔解〕 円柱には，重力 mg と斜面の垂直反力 N，さらに斜面に沿った摩擦力 F (7・1 節参照) が働く．したがって，斜面の方向の重心の運動方程式は

$$ma = mg\sin\theta - F \qquad (\mathbf{a})$$

重心まわりの回転運動の方程式は

$$I\alpha = FR \quad \left(I = \frac{1}{2}mR^2\right) \qquad (\mathbf{b})$$

となる．円柱が斜面をすべらないでころがるときも，$a = R\alpha$ の関係があるので，上記と同様の計算によって，角加速度は

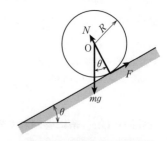

図 6・20 斜面をころがる円柱

$$\alpha = \frac{2g}{3R}\sin\theta \tag{c}$$

斜面に沿った重心の加速度は

$$a = \frac{2}{3}g\sin\theta \tag{d}$$

で，円柱がなめらかな斜面をすべり下りるときの加速度の 2/3 である．例題 6・12 の糸が斜面におきかわっただけで，問題の本質に変わりはない．

演習問題

6・1 図 6・21 に示す質量 M の細い円輪の $x'x'$ 軸と，$z'z'$ 軸まわりの慣性モーメントを求めよ．

6・2 図 6・22 に示す薄い円すいかくの質量と，軸のまわりの慣性モーメントを求めよ．

6・3 図 6・23 に示す 4 個の円孔を有する厚さ 20 mm の円形鋼板（密度 7.8 t/m^3）の，面に垂直な中心軸まわりの慣性モーメントはいくらか．

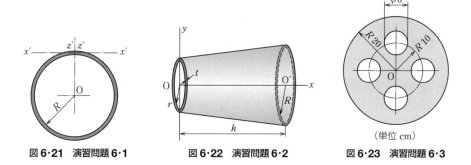

図 6・21 演習問題 6・1　　図 6・22 演習問題 6・2　　図 6・23 演習問題 6・3

6・4 図 6・24 に示す鋼製クランク軸の回転軸まわりの慣性モーメントを求めよ．隅の切欠きぶんを省略して計算してかまわない．

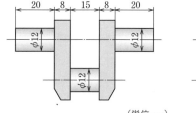

図 6・24 演習問題 6・4

6・5 図 6・25 に示す L 形断面の図心を通る xx 軸と yy 軸まわりの断面二次モーメントを求めよ．

6・6 直径 80 cm，質量 60 kg のグラインダが 300 rpm の速度で回転している．これにある金属片を押し当てたら 25 回転して停止した．グラインダに働いたトルクはいくらか．

6・7 水平面と θ の角度の斜面を，質量 m，半径 R の球がすべることなくころがるときの加速度はいくらか．円柱（例題 6・13）と比べて，どちらの加速度が大きいか．

6・8 例題 5・2 に述べたアトウッドの器械で，滑車（半径 R，慣性モーメント I）の慣性を考えたらどうなるか．糸と滑車の間に相対的なすべりは起こらないものとする．

6・9 図 6・26 に示す 2 個のプーリ（ベルト車）A（半径 R_1，慣性モーメント I_1）と B（半径 R_2，慣性モーメント I_2）にベルトをかけて，プーリ A を大きさ T のトルクで駆動するとき，プーリ B の角加速度はいくらか．また，このとき引張側とゆるみ側のベルトの張力差はいくらか．

6・10 両端で水平に支持された，長さ L，質量 m の一様な棒の一方の支点を急に取り去ったとすると，その直後の棒の角加速度と支点の反力はいくらか．

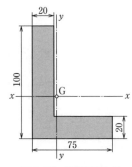

図 6・25　演習問題 6・5

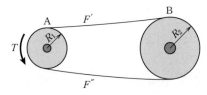

図 6・26　演習問題 6・9

7 摩擦

7·1 すべり摩擦

1. 静止摩擦

　一つの物体を他の物体の表面に沿ってすべらせるとき,その接触面に運動を妨げようとする力が働く.この力を**摩擦力**(frictional force)という.面に平行な力を加えて静止している物体をすべらそうとしても,力がある大きさになるまではすべりださない.これは接触面で力とつりあうだけの摩擦力が働いているからであるが,その大きさには限度があって,一定の値を超えると,力のつりあいが破れてすべりが起こる.このときの摩擦力について,つぎの**クーロン*の法則**(Coulomb's law)がある.

　最大摩擦力 F の大きさは接触面に垂直に働く力 N に比例し,接触面の大きさに関係しない.すなわち

$$F = \mu_s N \qquad (7\cdot 1)$$

ここで,μ_s は材質と接触面の状態によって決まる定数で,これを**静止摩擦係数**(coefficient of static friction)という.静止摩擦係数の値はつぎの実験によって簡単に求められる.

　図 7·1 のように,質量 m の物体を斜面に載せて,その傾きを次第に大きくしてゆくと,やがてある角度で物体は面に沿ってすべりはじめる.このときの角度を λ_s とすれば,斜面に

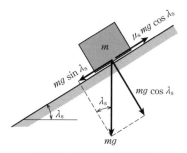

図 7·1 斜面におかれた物体

---

*　Charles Augustin de Coulomb (1736 〜 1806)

沿った重力の成分と摩擦力のつりあいから

$$mg \sin \lambda_s = \mu_s mg \cos \lambda_s \quad (7\cdot2)$$

が成り立ち，その結果

$$\mu_s = \tan \lambda_s \quad (7\cdot3)$$

となる．この角度 λ_s を **静止摩擦角**（angle of static friction）とよんでいる．

接触面の性質に方向性がなければ，どの方向の力に対してもこの関係は変わらないので，垂直力 N と最大摩擦力 F との合力は，図 7・2 に示す頂角 $2\lambda_s$ の直円すいを形づくる．この円すいを **摩擦円すい**（cone of friction）という．摩擦円すい内の方向に外力が働くときは，その大きさに関係なく，物体はすべらない．

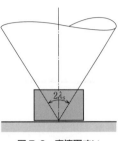

図 7・2 摩擦円すい

2. 運動摩擦

物体が互いに接触しながら相対運動するときも摩擦力が働く．その大きさは相対速度の大きさによって多少の相違はあるが，実用上ほとんど一定とみなすことができ，静止摩擦の場合と同様に，つぎの関係がある．

$$F = \mu_k N \quad (7\cdot4)$$

μ_k を **運動摩擦係数**（coefficient of kinetic friction）という．静止摩擦係数に比べて

表 7・1 静止摩擦係数

摩 擦 片	摩 擦 面	μ_s
硬　鋼	硬　鋼	0.44
	鋳　鉄	0.18
鋳　鉄		0.21
石	金　属	0.3〜0.4
木	木	0.2〜0.5
	金　属	0.2〜0.6
ゴ　ム	ゴ　ム	0.5
皮　革	金　属	0.4〜0.6
ナイロン	ナイロン	0.15〜0.25
スキー	雪	0.08

日本機械学会：機械工学便覧(第6版)，**p.3-34**，1976．

表 7・2 運動摩擦係数

摩 擦 片	摩 擦 面	μ_k
硬　鋼	硬　鋼	0.35〜0.40
軟　鋼		0.35〜0.40
カーボン		0.21
鉛, ニッケル, 亜鉛	軟　鋼	0.40
ホワイトメタル ケルメット りん青銅		0.30〜0.35
銅	銅	1.4
ガラス	ガラス	0.7
スキー	雪	0.06

日本機械学会：機械工学便覧(第6版)，**p.3-34**，1976．

一般に運動摩擦係数の値は小さい．

表7・1と表7・2に普通の材料の常温におけるすべり摩擦係数の値を示す．これらは表面の粗さ，潤滑の良否，温度やその他の条件によってかなり変化する．

〔**例題 7・1**〕　**床面をすべる物体**　図 7・3 のように，床の上にある質量 m の物体を斜め上から引っ張ってすべらせるのに必要な最小の力はいくらか．

〔解〕　物体がすべりはじめるときの水平方向の力のつりあい

$$F \cos \alpha = \mu_s (mg - F \sin \alpha)$$

より，必要な力は

$$F = \frac{\mu_s mg}{\cos \alpha + \mu_s \sin \alpha} \qquad (a)$$

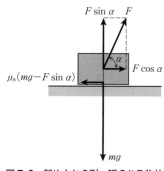

図 7・3　斜め上から引っ張られる物体

となる．静止摩擦角 λ_s を用いて書きなおすと，この式の分母は

$$\cos \alpha + \mu_s \sin \alpha = \cos \alpha + \tan \lambda_s \sin \alpha$$

$$= \frac{1}{\cos \lambda_s}(\cos \lambda_s \cos \alpha + \sin \lambda_s \sin \alpha)$$

$$= \frac{1}{\cos \lambda_s} \cos(\alpha - \lambda_s)$$

となるので

$$\alpha = \lambda_s = \tan^{-1} \mu_s \qquad (b)$$

のとき，力 F が最小となる．そして，その大きさは

$$F_{\min} = \mu_s mg \cos \lambda_s = mg \sin \lambda_s \qquad (c)$$

である．

〔**例題 7・2**〕　**ブロックブレーキ**　毎分 200 回転している半径 25 cm，慣性モーメント 12 kg·m² のドラムに，図 7・4 のように，80 N の力を加えてブレーキ片を押しつけたところ，15 秒後に停止した．ブレーキ片とドラム間の摩擦係数はいくらか．

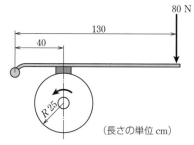

図 7・4　ブロックブレーキ

〔解〕 ブレーキ片をドラムに垂直に押しつける力は $80 \times (130/40) = 260$ N. ブレーキ片とドラムの運動摩擦係数を μ_d とすれば，ドラムに対する制動トルクは

$$T = \mu_d \times 260 \times 0.25 = 65\mu_d \text{ N·m}$$

となる．この場合の制動角加速度は

$$\alpha = \frac{1}{15} \times \left(\frac{\pi}{30} \times 200\right) = 1.4 \text{ rad/s}^2$$

なので，回転運動の式(**6·9**)によって

$$12 \times 1.4 = 65\mu_d$$

で，これより $\mu_d = 0.26$ となる．

7·2 ころがり摩擦

物体が他の物体の上をすべらないでころがる場合も，これに抵抗する摩擦力が働く．これを**ころがり摩擦**（rolling friction）という．その理由は，おおむねつぎのように説明される．

いま，床の上をころがる半径 a の回転体を考えてみよう．床と回転体が完全な剛体であれば，接触点でまったく変形が起こらないが，実際にはわずかではあるが床や物体は変形し，図 **7·5** のように，前方に小さい隆起が生じて，ある大きさの反力 R が短い距離 f にある A 点に働くと考えられる．そして，この反力と垂直力 N，回転体をころがす力 F の三つは互いにつりあい，反力の作用線は回転体の中心 O を通る．この場合，A 点のまわりのモーメントのつりあいから $Fh = Nf$ となる

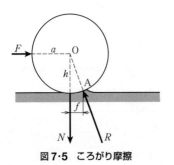

図 7·5 ころがり摩擦

表 7·3 ころがり摩擦係数

回転体	ころがり面	f (cm)
鋼	鋼	0.02 〜 0.04
	木	0.15 〜 0.25
空気入りタイヤ	良い道	0.05 〜 0.055
	どろ道	0.1 〜 0.15
ソリッドゴムタイヤ	良い道	0.1
	どろ道	0.22 〜 0.28

日本機械学会：機械工学便覧（第 6 版），**p.3-35**，1976.

が，O 点の高さ h はほぼ回転体の半径 a に等しいので，力 F は

$$F = f\frac{N}{a} \tag{7.5}$$

となる．この f を**ころがり摩擦係数**（coefficient of rolling friction）という．f はすべり摩擦係数とは違って，長さのディメンションをもち，物体や表面の状態などによってかなり異なった値を示す．表 7·3 にその大体の値を示しておく．

ディメンションをもたない f/a は普通の意味での摩擦係数に当たるが，すべり摩擦係数に比べるとこの値はかなり小さいので，物体を運搬する場合，これを車に乗せたり，コロをかませたりして，運搬するのに要する力を小さくしている．

1 台の機関車で数十両の客車や貨車が引けるのもその例で，質量の大きい機関車が車輪とレールの間のすべり摩擦を利用して大きいけん引力を得ているのに対して，客車や貨車には比較的小さいころがり抵抗しか働かないからである．

ころがり抵抗は物体の運搬ばかりでなく，玉軸受や，ねじ面に鋼球を入れたボールねじなど，広く機械に利用されている．

〔**例題 7·3**〕 **機関車のけん引力**　質量が約 55 t のディーゼル機関車がある．車輪とレールとの間のすべり摩擦係数が 0.3 で，貨車のころがり摩擦抵抗が 1 t につき 40 N であるとすれば，この機関車が引きうる貨車の総質量はいくらか．
〔**解**〕　引きうる貨車の総質量を M とすれば，機関車のけん引力と貨車に働く摩擦力とのつりあいから

$$0.3 \times 55000 \times 9.81 = 40 \times M$$

で，約 $M = 4047$ t となる．

7·3　斜面の摩擦と応用

1.　斜面

質量 m の物体を，傾きが α の斜面に沿って引き上げるために必要な力を求めてみよう．図 7·6 のように，物体に働く重力 mg の成分 $mg \sin \alpha$ は斜面に沿って働き，他の成分 $mg \cos \alpha$ は斜面の垂直反力とつりあう．物体と斜面との間の摩擦係数を μ（添字 s あるいは k を省略）とすれば，斜面に沿った摩擦力は $\mu mg \cos \alpha$ で，この物体を引き上げるのに必要な力は

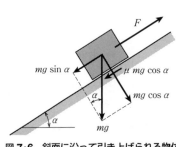
図7·6 斜面に沿って引き上げられる物体

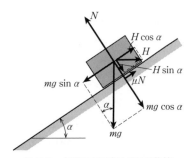
図7·7 水平な力で支えられる物体

$$F = mg \sin α + μmg \cos α = mg(\sin α + μ \cos α) \tag{7·6}$$

摩擦角を用いてあらわせば

$$F = mg(\sin α + \tan λ \cos α)$$

$$= mg \frac{\cos λ \sin α + \sin λ \cos α}{\cos λ}$$

$$= mg \frac{\sin(α+λ)}{\cos λ} \tag{7·7}$$

となる．

〔例題 7·4〕 **斜面上の物体を支える水平力**　上記の物体を水平な力で支えるためにはいくらの力が必要か．

〔解〕 図7·7のように，必要な水平力を H，斜面の垂直反力を N とすれば，斜面に沿った方向とこれに直角な方向の力のつりあいより

$$H \cos α + μN = mg \sin α$$

$$N = mg \cos α + H \sin α$$

第2式を第1式に代入した式から H を解いて

$$H = mg \frac{\sin α - μ \cos α}{\cos α + μ \sin α} \tag{a}$$

が得られる．摩擦角を用いて簡単にすれば

$$H = mg \frac{\tan α - \tan λ}{1 + \tan α \tan λ} = mg \tan(α-λ) \tag{b}$$

この場合は，斜面の摩擦力が上向きに働いており，物体を引き上げる場合と違って，そのぶんだけ小さい力ですむ．

2. くさび

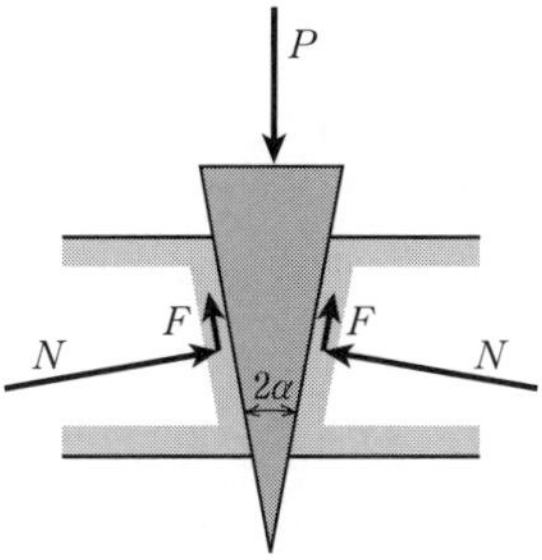

図 7·8 のように，頂角 2α のくさびを，大きさ P の力で物体に打ちこむ場合を考えてみよう．くさびには，物体からの反作用として，接触面に垂直な反力 N と，面に沿った摩擦力 F が左右の両面に働く．そして，これらの力がくさびを打ちこむ力とつりあって

$$P = 2N\sin\alpha + 2F\cos\alpha \tag{7·8}$$

図 7·8 くさびに働く力

となる．くさびと物体の間の摩擦角を λ とすれば，$F = N\tan\lambda$ で，式 (7·7) を導いたのと同様にして

$$P = 2N\frac{\sin(\alpha+\lambda)}{\cos\lambda} \tag{7·9}$$

こうして，くさびを打ちこんだ力は物体の内部で

$$\frac{N}{P} = \frac{\cos\lambda}{2\sin(\alpha+\lambda)} \tag{7·10}$$

倍に拡大される．くさびを抜くときは，力 P と摩擦力 F の符号を逆にして

$$-P' = 2N\sin\alpha - 2F\cos\alpha \tag{7·11}$$

で，その大きさは

$$P' = 2N(\tan\lambda\cos\alpha - \sin\alpha) = 2N\frac{\sin(\lambda-\alpha)}{\cos\lambda} \tag{7·12}$$

となる．くさびの頂角が大きくて $\alpha > \lambda$ になると，$P' < 0$ となって，くさびは自然に抜け落ちる．

〔例題 7·5〕 **くさびの力** 頂角 15° のくさびを 4 kN の力で木材に打ちこんだ．くさびと木材の間の摩擦係数を 0.2 とすれば，木材を押し割る力はいくらか．

〔解〕 くさびと木材の間の摩擦角は

$$\lambda = \tan^{-1} 0.2 = 11°19'$$

であるから，式 (7·10) によって

$$\frac{N}{P} = \frac{\cos 11°19'}{2\sin(7°30' + 11°19')} = 1.52$$

打ちこむ力の 1.52 倍の 6.1 kN の力が働く．

〔例題 7·6〕 **重いブロックの押上げ** 図 7·9(a) に示す質量 $M = 1.2$ t のブロック

を，頂角 $\alpha = 5°$ の 2 個のくさびを用いて押し上げる．各接触面の摩擦係数がすべて $\mu = 0.25$ であるとすれば，くさびを打ちこむのに必要な力はいくらか．

〔解〕 ブロックとこれに接触するくさびの面には，図(b)に示す垂直反力と摩擦力が働く．まず，ブロックに働く力の水平と鉛直方向のつりあいより

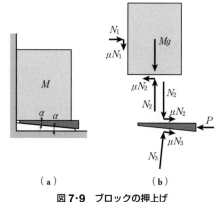

図 7・9 ブロックの押上げ

$$N_1 = \mu N_2,$$
$$N_2 - \mu N_1 = Mg \tag{a}$$

くさびに働く力のつりあいより

$$\mu N_2 + N_3 \sin \alpha + \mu N_3 \cos \alpha = P$$
$$N_2 + \mu N_3 \sin \alpha = N_3 \cos \alpha \tag{b}$$

が成り立つ．この四つの式から力 N_1, N_2, N_3 を消去して

$$P = Mg \frac{(1-\mu^2)\sin\alpha + 2\mu\cos\alpha}{(1-\mu^2)(\cos\alpha - \mu\sin\alpha)} \tag{c}$$

摩擦角を用いて計算すれば

$$P = Mg \frac{(1-\tan^2\lambda)\sin\alpha + 2\tan\lambda\cos\alpha}{(1-\tan^2\lambda)(\cos\alpha - \tan\lambda\sin\alpha)}$$
$$= Mg \frac{\cos\lambda \sin(\alpha + 2\lambda)}{\cos 2\lambda \cos(\alpha + \lambda)} \tag{d}$$

この場合の摩擦角は $\lambda = \tan^{-1} 0.25 = 14°02'$ で

$$P = 1.2 \times 9.81 \times \frac{\cos 14°02' \sin(5° + 28°04')}{\cos 28°04' \cos(5° + 14°02')} = 7.48 \text{ kN}$$

となり，力の拡大率は $Mg/P = 1.57$ 倍である．

3. ねじ

ねじ（screw）は斜面を円柱に巻きつけたものと考えられるので，ねじに働く力は斜面の力の関係と同じである．ねじの有効直径を d，ピッチを p とすれば，傾き

の角は

$$\tan\alpha = \frac{p}{\pi d} \quad (7\cdot 13)$$

から計算される（図7・10参照）．ねじに働く軸力 Q に逆らって，ねじを巻くのに必要な力 P は

$$\left.\begin{array}{l} P = N\sin\alpha + F\cos\alpha \\ Q = N\cos\alpha - F\sin\alpha \end{array}\right\} \quad (7\cdot 14)$$

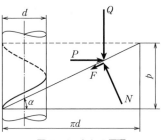

図7・10 ねじの原理

を解いて得られる．ねじの面に働く垂直反力 N と摩擦力 F の間には，$F = N\tan\lambda$（$\mu = \tan\lambda$）の関係があるので

$$P = Q\frac{\sin\alpha + \tan\lambda\cos\alpha}{\cos\alpha - \tan\lambda\sin\alpha} = Q\tan(\alpha + \lambda) \quad (7\cdot 15)$$

ここで

$$\tan(\alpha + \lambda) = \frac{\tan\alpha + \tan\lambda}{1 - \tan\alpha\tan\lambda} = \frac{p + \mu\pi d}{\pi d - \mu p} \quad (7\cdot 16)$$

の値をもつ．したがって，ねじをまわすのに必要なトルク $T = Pd/2$ は

$$T = \frac{1}{2}Qd\tan(\alpha + \lambda) = \frac{1}{2}Qd\frac{p + \mu\pi d}{\pi d - \mu p} \quad (7\cdot 17)$$

となる．ねじに摩擦がないときは

$$T_0 = \frac{1}{2}Qd\tan\alpha = \frac{1}{2\pi}Qp \quad (7\cdot 18)$$

で，トルク T に対する T_0 の比

$$\eta = \frac{T_0}{T} = \frac{\tan\alpha}{\tan(\alpha + \lambda)} = \frac{1 - \mu p/\pi d}{1 + \mu\pi d/p} \quad (7\cdot 19)$$

をねじの**効率**（efficiency）という．

くさびの場合と同様に，ねじが自然にゆるまないためには，$\alpha < \lambda$ すなわち $p < \mu\pi d$ であることが必要である．とくに $\alpha = \lambda$ のときは

$$\eta = \frac{\tan\alpha}{\tan 2\alpha} = \frac{1}{2}(1 - \tan^2\alpha) < \frac{1}{2} \quad (7\cdot 20)$$

で，自然にゆるまないねじの効率は50%以下である．

〔例題7・7〕 **物体を押し上げるジャッキ** ねじの有効直径32 mm，ピッチ5 mm

のジャッキで重い物体を押し上げたい．ねじの摩擦係数が 0.06 であれば，ねじの効率はいくらか．このジャッキで 1 t の物体を押し上げるには，いくらのトルクが必要か．

〔解〕 式(7·19)によって，ねじの効率は

$$\eta = \frac{1-0.06\times 5/(\pi\times 32)}{1+0.06\times\pi\times 32/5} = 45.2\%$$

式(7·18)と式(7·19)によって，必要なトルクは

$$T = \frac{T_0}{\eta} = \frac{1}{2\pi\eta}Qp = \frac{1000\times 9.81\times 0.005}{2\pi\times 0.452} = 17.3\ \mathrm{N\cdot m}$$

である．

7·4 軸受の摩擦

回転運動や往復運動をする軸を支えるものを軸受という．軸受にはいろいろの形式のものがあるが，通常よく使われるジャーナル軸受とスラスト軸受について，これに働く摩擦トルクを計算してみよう．

1. ジャーナル軸受

図 7·11 のように，横荷重を受けて回転する軸を支える軸受を**ジャーナル軸受**（journal bearing）という．軸受に働く横力 P はジャーナルの下面に分布した圧力 p で支えられるが，この圧力が軸受の下半分の円柱面に一様に分布すると仮定

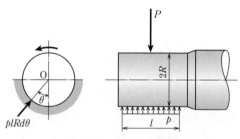

図 7·11 ジャーナル軸受

すれば，その大きさはつぎのようにして計算される．軸受の長さを l，回転軸の半径を R とすれば，軸の方向にとった微小面積 $lRd\theta$ に働く反力 $plRd\theta$ の P 方向の成分を半円柱面で積分した

$$\int_{-\pi/2}^{\pi/2} plR\cos\theta d\theta = 2plR$$

が力 P とつりあうことから

$$p = \frac{P}{2lR} \tag{7・21}$$

となる．その結果，軸の下面の微小面積に円周方向の摩擦力 $\mu p l R d\theta$ が生じ，軸に大きさ

$$T = \int_{-\pi/2}^{\pi/2} R\mu \frac{P}{2lR} lR d\theta = \frac{\pi}{2}\mu RP \tag{7・22}$$

の摩擦トルクを与える．しかし，実際には軸が潤滑されていたりして，正確にはこのようにならない．それで p の正しい分布がわからないまま

$$T = \mu' RP \tag{7・23}$$

とおいて，μ' の値を実験的に求めている．

2. スラスト軸受

図 7・12 のように，回転軸の方向の荷重を受ける軸受を**スラスト軸受**（thrust bearing）という．接触面に垂直な圧力 p が一様であると仮定して，軸と軸受との間の摩擦係数を μ とすれば，小さい幅 dr をもつリング状の面積に働く摩擦力は $\mu p 2\pi r dr$（$p = P/\pi R^2$）で，これによって大きさ

$$T = \int_0^R r\mu \frac{P}{\pi R^2} 2\pi r dr$$

$$= 2\frac{\mu P}{R^2}\int_0^R r^2 dr = \frac{2}{3}\mu RP \tag{7・24}$$

の摩擦トルクが働く．

〔**例題 7・8**〕 スラスト軸受に支えられた直径 8 cm の軸が，軸方向に 10 kN の力を受けて回転している．軸受の摩擦係数を 0.03 とすれば，軸に働く摩擦トルクはいくらか．

〔**解**〕 式(7・24)によって

$$T = \frac{2}{3}\times 0.03 \times 0.04 \times 10 \times 10^3 = 8.0 \text{ N·m}$$

となる．

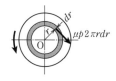

図 7・12 スラスト軸受

7·5 ベルトの摩擦

ロープを柱に巻きつけて船をけい留したり,二つの車の間にベルトをかけて動力を伝達するなど,よく柱とロープ,車とベルトの間の摩擦が利用される.

いま,図 7·13 のように,ベルトと半径 R の車との間の摩擦係数を μ として,ベルトの微小長さ $Rd\theta$ に働く力のつりあいを考える.この部分に働く力は,両側から働くベルトの張力 T, $T+dT$ と,車からの垂直反力 dN およびすべり摩擦力 μdN で,まず,車の半径方向の力のつりあいより

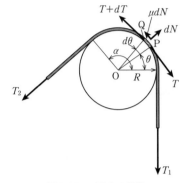

図 7·13 ベルトの摩擦

$$T\sin\frac{d\theta}{2}+(T+dT)\sin\frac{d\theta}{2}=dN$$

$d\theta$ は小さい角なので,この式は $Td\theta=dN$ と書ける.また,周方向の力のつりあいより $T=T+dT+\mu dN$.したがって,$dT+\mu dN=0$ となる.この二つの式から dN を消去すれば

表 7·4 $e^{-\mu\alpha}$ の値

$\alpha/2\pi$ (回)	μ						
	0.2	0.25	0.3	0.35	0.4	0.45	0.5
0.2	0.778	0.730	0.686	0.644	0.605	0.568	0.533
0.4	0.605	0.533	0.470	0.415	0.366	0.323	0.285
0.6	0.470	0.390	0.323	0.267	0.221	0.183	0.152
0.8	0.366	0.285	0.221	0.172	0.134	0.104	0.081
1.0	0.285	0.208	0.152	0.111	0.081	0.059	0.043
1.2	0.221	0.152	0.104	0.071	0.049	0.034	0.023
1.4	0.172	0.111	0.071	0.046	0.030	0.019	0.012
1.6	0.134	0.081	0.049	0.030	0.018	0.011	0.007
1.8	0.104	0.059	0.034	0.019	0.011	0.006	0.004
2.0	0.081	0.043	0.023	0.012	0.007	0.004	0.002

$$\frac{dT}{T} = -\mu d\theta \tag{7.25}$$

で，接触しているベルトの全長にわたって積分すれば

$$\ln\frac{T_2}{T_1} = -\mu\alpha \quad \text{あるいは} \quad T_2 = T_1 e^{-\mu\alpha} \tag{7.26}$$

となる．α はベルトと車との接触角，T_1 および T_2 は，それぞれ緊張側とゆるみ側のベルトの張力をあらわす．

表 7・4 に関数 $e^{-\mu\alpha}$ の値を示す．ベルトと車の間の摩擦係数や接触角が増すにしたがって，緊張側のベルトの張力に対するゆるみ側の張力比 T_2/T_1 は次第に減少してゆく．

〔例題 7・9〕 バンドブレーキ　図 7・14 に示すバンドブレーキのレバーを押し下げると，一方の A 点は上がり，他方の B 点は下がるが，その動きに差があるので，バンドはドラムに締めつけられる．図の C 点に大きさ F の力を加えたとき，ドラムに働く制動トルクはいくらか．

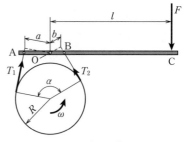

図 7・14　バンドブレーキ

〔解〕　図のように，ドラムが反時計方向に回転するときは，バンドの張力 T_1, T_2 の間に

$$T_2 = T_1 e^{-\mu\alpha} \tag{a}$$

の関係がある．一方，レバーに働く力の支点 O のまわりのモーメントのつりあいより

$$T_1 a - T_2 b - Fl = 0 \tag{b}$$

ここで，a, b は各張力のモーメントの腕をあらわす．式（a）と（b）より

$$T_1 = \frac{Fl}{a - be^{-\mu\alpha}}, \quad T_2 = \frac{Fle^{-\mu\alpha}}{a - be^{-\mu\alpha}} \tag{c}$$

で，ドラムには

$$T_q = (T_1 - T_2)R = \frac{FlR(1 - e^{-\mu\alpha})}{a - be^{-\mu\alpha}} \tag{d}$$

の制動トルクが働く．ドラムの回転方向が逆のときは，摩擦係数 μ の符号をとりかえればよい．

演習問題

7·1 静止摩擦係数が 0.28 のとき，摩擦角の大きさはいくらか．

7·2 水平面との傾きが 12° の斜面を，物体が等速度ですべり降りるとき，物体と斜面の間の運動摩擦係数はいくらか．

7·3 水平面との傾きが α の斜面におかれた物体を，斜面の方向の力でつりあわせるとき，最大の力が最小の力の p 倍であったとすれば，静止摩擦係数はいくらか．

7·4 図 7·15 のように，半径 R，質量 m の円柱が角度 2α の V みぞに載っている．摩擦係数が μ のとき，円柱を軸方向へ動かすのに必要な力はいくらか．また，円柱を回転させるためにはいくらのモーメントが必要か．

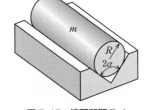

図 7·15 演習問題 7·4

7·5 長さ 4 m, 質量 25 kg の棒を壁に立てかけた．棒と床面，棒と壁の間の摩擦係数がそれぞれ 0.3, 0.2 であるとすれば，棒がすべらないためには，壁との間の角度がどれだけでなければならないか．

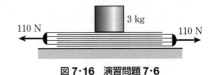

図 7·16 演習問題 7·6

7·6 図 7·16 のように，紙を 4 枚ずつ交互に重ね，上に 3 kg のおもりを載せて左右に引っ張ったら，110 N ですべりはじめた．紙の摩擦係数はいくらか．

7·7 軸受の摩擦を調べるために，軸に慣性モーメント 1.2 kg·m² のはずみ車を取りつけ，これに 350 rpm の回転を与えたところ，自然に減速して 2 分後に完全に停止した．軸に働く摩擦トルクはいくらか．

7·8 自動車が半径 80 m の水平なカーブを曲がるとき，横すべりしない最大速度はいくらか．道路とタイヤとの間の摩擦係数は 0.2 とする．

7·9 ねじの摩擦係数が 0.08 のとき，ピッチ 3.5 mm, 平均直径 28 mm のねじの効率はいくらか．

7·10 重い物体を吊ったロープを柱に巻いて，物体に働く重力の 1/50 以下の力で支えるためには，ロープをいく巻きしなければならないか．ロープと柱との間の摩擦係数は 0.3 とする．

8

仕事とエネルギー

8・1 仕事

1. 仕事

　力が働いて物体を動かすとき，力による作用はその大きさによるだけでなく，物体が動いた距離にもよる．物体に大きさ F の力が働いて，その方向に距離 s だけ動いたとき，$W=Fs$ を力が物体になした**仕事**（work）という．

　図 **8・1** のように，力 F の方向と変位 s の方向とが一致しないで，ある角度 θ をもつ場合，力がなした仕事は変位の方向の成分 $F\cos\theta$ によるものだけで，変位に直角な方向の成分は関係しない．したがって，この場合の仕事は

$$W = Fs\cos\theta \tag{8・1}$$

となる．また，図 **8・2** のように，物体がある曲線経路に沿って A 点から B 点まで運動するときは

$$W = \int_A^B F\cos\theta \, ds \tag{8・2}$$

で，一般的には，F と θ とは経路に沿った長さ s の関数である．

　大きさ 1 N の力を加えて，力の方向に 1 m だけ動かしたときの仕事を，仕事の

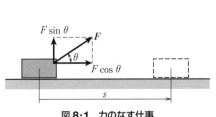

図 **8・1** 力のなす仕事

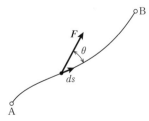

図 **8・2** 曲線経路に沿った仕事

単位として，これを1ジュール（Joule, J）という．

〔例題 8・1〕 **斜面に沿った仕事** 1250 kg の自動車を，水平面と 15° の斜面に沿って 100 m だけ引き上げるには，いくらの仕事が必要か．また，この自動車を同じ高さまで鉛直に引き上げるために必要な仕事はいくらか．自動車に働く摩擦を省略して考えてみよ．

〔解〕 斜面に沿って自動車を引き上げるのに必要な力は
$$F = 1.25 \times 9.81 \sin 15° = 3.16 \text{ kN}$$
したがって，斜面に沿った仕事は
$$W = 3.16 \times 100 = 316 \text{ kJ}$$
である．自動車を鉛直に引き上げるときも
$$W = 1.25 \times 9.81 \times 100 \sin 15° = 316 \text{ kJ}$$
で，斜面を引き上げるのに必要な仕事と変わらない．

2. 回転体の仕事

図 8・3 のように，力 F が半径 r と直角な方向に働いて，物体が OO′ 軸まわりに角度 θ だけ回転するとき，力がする仕事は
$$W = F \cdot r\theta \qquad (8・3)$$
で与えられる．Fr は OO′ 軸まわりのモーメントであるから，これを N と書けば
$$W = N\theta \qquad (8・4)$$
となり，回転体には力のモーメントと回転角の積に等しい仕事が与えられたこととなる．

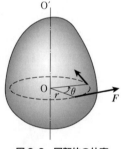

図 8・3 回転体の仕事

8・2 エネルギー

ある速度で運動している物体は，静止するまでに外部に対していくらかの仕事をする．また，高いところにある物体も，落下する間になんらかの仕事をする．このように，物体がある仕事をしうる状態にあるとき，この物体はエネルギーをもつという．物体が有するエネルギーは，これがそのエネルギーを失うまでに外部にする

仕事の量で測られる．したがって，エネルギーは仕事と同じ単位をもっている．

力学で取り扱うエネルギーには，運動エネルギーと位置エネルギーの二つの種類があり，これらをあわせて**力学エネルギー**（mechanical energy）という．

1. 運動エネルギー

速度 v で運動している質量 m の物体に，その運動と逆の方向に一定の力 F を加えたところ，距離 s だけ運動して停止したとする．このとき，この物体は力に逆らって Fs だけ仕事をしたこととなる．いま，この力による物体の（負の）加速度を a とすれば，式(**4·10**)によって

$$s = -\frac{v^2}{2a}$$

また，式(**5·1**)により

$$ma = -F$$

で，これより

$$T = Fs = \frac{1}{2}mv^2 \tag{8·5}$$

となる．これを，**運動エネルギー**（kinetic energy）という．この式で物体の質量を一定にすれば，エネルギーの大きさは速度の2乗に比例する．すなわち，物体の速度が大きくなると，低い速度のときに比べて格段に大きいエネルギーをもつこととなる．

つぎに，図 **8·4** に示す，ある固定軸のまわりに角速度 ω で回転する物体のもつ運動エネルギーを考えてみよう．回転軸から半径 r の距離にある小さい質量 dm の速度は $v = r\omega$ であるから，この質量のもつ運動エネルギーは $(1/2)dm(r\omega)^2$ である．したがって，回転体全体がもつ運動エネルギーは

$$T = \frac{1}{2}\int (r\omega)^2 dm = \frac{1}{2}\omega^2 \int r^2 dm$$

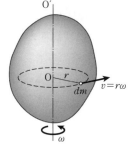

図 **8·4** 回転体の運動エネルギー

$\int r^2 dm$ はこの物体の回転軸まわりの慣性モーメント I に等しいから

$$T = \frac{1}{2}I\omega^2 \tag{8·6}$$

となる．この式を直線運動の式(8・5)と比較することによってわかるように，直線運動する物体の質量 m が回転運動では慣性モーメント I に，速度 v が角速度 ω に対応している．

〔**例題 8・2**〕 **回転砥石の運動エネルギー**　質量 2 kg，回転半径 5.5 cm の回転砥石が 4000 rpm で回転している．この砥石のもつ運動エネルギーはいくらか．

〔解〕　この砥石の慣性モーメントは
$$I = Mk^2 = 2 \times 0.055^2 = 6.05 \times 10^{-3} \text{ kg·m}^2$$
であるから，回転の運動エネルギーは
$$T = \frac{1}{2} \times 6.05 \times 10^{-3} \times \left(\frac{\pi}{30} \times 4000\right)^2 = 530.2 \text{ J}$$
となる．

2. 位置エネルギー

図 8・5 のように，質量 m の物体を，これに働く重力 mg に逆らって h の高さだけ持ち上げるためには
$$U = mgh \quad (8 \cdot 7)$$
の仕事を必要とする．いいかえると，h の高さにある質量 m の物体は，その高さだけ落下する間に mgh の仕事をする能力をもっている．

図 8・5　高所にある物体の位置エネルギー

ばねを伸ばしたり，縮めたりするのにも仕事を必要とする．弾性範囲内でばねを x だけ伸縮させるのに $F = kx$（k はばね定数）の力が必要で，ばねを自然の状態から x だけ変形させるには
$$U = \int_0^x F dx = \int_0^x kx dx = \frac{1}{2} kx^2 \quad (8 \cdot 8)$$
の仕事が必要である．この仕事は図 8・6 の三角形 OAB の面積に相当し，ばねはもとの状態に戻るまでに，これと等しい仕事をするだけの能力をもっている．このようなエネルギーを**位置エネルギー**（potential energy）という．

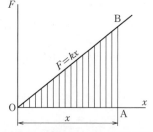

図 8・6　ばねにたくわえられる位置エネルギー

〔**例題 8・3**〕 **自動車の運動エネルギー**　時速 40 km/h で走っている 1250 kg の自動車の運動エネルギーはいくらか．このエネルギーはどれだけの高さにおかれた自動車の位置エネルギーに等しいか．時速が 80 km/h のときはどうか．

〔**解**〕　時速 40 km/h のとき，自動車がもつ運動エネルギーは

$$T = \frac{1}{2} \times 1.25 \times \left(\frac{40}{3.6}\right)^2 = 77.2 \text{ kJ}$$

式 (8・5) と (8・7) とを等しくおいた

$$\frac{1}{2}mv^2 = mgh \tag{a}$$

から，等価高さは自動車の質量に関係なく

$$h = \frac{v^2}{2g} = \frac{(40/3.6)^2}{2 \times 9.81} = 6.29 \text{ m} \tag{b}$$

となる．時速が 2 倍の 80 km/h になると，高さは 4 倍の約 25 m となる．スピードを出すことの危険性がいかに大きいかがよくわかる．

3. 力学エネルギー保存の法則

物体を真上に投げると，はじめもっていた運動エネルギーは，物体が上昇して速度が小さくなるにつれて減少し，最高点に達すると 0 になる．これとは逆に，位置エネルギーは高さが増すほど大きくなり，最高点では最大の値をもつ．

いま，簡単にするために，最初静止していた質量 m の物体が自然落下する場合を考えてみよう．t 秒後の速度は $v = gt$ であるから，このときの運動エネルギーは

$$T = \frac{1}{2}mg^2t^2 \tag{8・9}$$

また，この間に落下した高さは $x = (1/2)gt^2$ で，そのために失った位置エネルギーもこれと等しい

$$U = mg\left(\frac{1}{2}gt^2\right) = \frac{1}{2}mg^2t^2 \tag{8・10}$$

となる．すなわち，落下して失った位置エネルギーが，そのまま運動エネルギーに転換したわけで，一般的に

　　　運動エネルギーと位置エネルギーの和は一定である．

このことは，物体に摩擦や流体の抵抗が働かないときつねに成り立つことがらで，**エネルギー保存の法則** (law of conservation of energy) という．

エネルギーには，このほか熱エネルギー，電気エネルギー，化学エネルギーなど，いろいろな種類のものがある．火力発電によって熱エネルギーを電気エネルギーに変換したり，モータで電気エネルギーを機械エネルギーに変換して電車を走らせるなど，エネルギーは種々の形に変換されるが，全体としてはその総和に変化はない．これは広い意味でのエネルギー保存の法則である．

〔例題 8・4〕 **ばねの縮み** 5 kg の物体を 20 cm の高さから，ばね定数（ばねの剛性）200 kN/m のばねの上に落とした．ばねはいくら圧縮されるか．

〔解〕 ばねの圧縮量を x とすれば，物体は 20 cm だけ自由落下したうえ，さらにばねを x だけ縮ませるので，失った位置エネルギーは

$$U = 5 \times 9.81 \times (0.20 + x) = 9.81 + 49.05x$$

一方，ばねにたくわえられるエネルギーは

$$U' = \frac{1}{2} \times 200 \times 10^3 x^2 = 10^5 x^2$$

である．物体が落下して失われたエネルギーだけばねにたくわえられるので

$$10^5 x^2 = 49.05x + 9.81$$

この式から x を解いて，ばねの圧縮された長さは $x = 1.0$ cm となる．

〔例題 8・5〕 **地球脱出速度** 図 8・7 のように，地球の重力に逆らって，質量 m のロケットを宇宙のかなたに打ち上げるには，いくらの初速度を与える必要があるか．また，これに必要な仕事はいくらか．空気の抵抗を省略して計算せよ．

〔解〕 地球の質量を M，半径を R とすれば，地球の中心から x の距離にあるロケットに働く力は

$$F = G\frac{Mm}{x^2} \tag{a}$$

である．この力に逆らって，ロケットを地球の表面から無限の遠方にまで打ち上げるためには

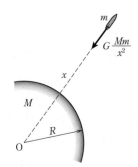

図 8・7 ロケットの打上げ

$$W = \int_R^\infty G\frac{Mm}{x^2} dx = GMm \left| -\frac{1}{x} \right|_R^\infty = G\frac{Mm}{R} \tag{b}$$

の仕事が必要である．$GM/R^2 = g$ の関係があるので

$$W = mgR \tag{c}$$

とも書ける．

地上で与える初速度を v_{II} とすれば，エネルギー保存の法則によって

$$\frac{1}{2}mv_{II}^2 = mgR \tag{d}$$

これより，必要な初速度はロケットの質量に関係なく

$$v_{II} = \sqrt{2gR} \tag{e}$$

で，地球の半径が 6370 km であるから

$$v_{II} = \sqrt{2\times(9.81\times10^{-3})\times6370} = 11.2 \text{ km/s} \tag{f}$$

である．ロケットが人工衛星となる最小速度を第一宇宙速度という（例題 5・7）のに対して，この速度を**第二宇宙速度**とよんでいる．

8・3 動力

1. 動力

仕事をする場合，仕事の総量だけではなく，単位時間における仕事の量が問題となる．これを**動力**，または**パワー**（power）という．力 F によって，Δt 時間に物体が Δs だけ運動するとき，この力による動力は $F\Delta s/\Delta t$ で，$\Delta s/\Delta t$ はその間の速度であるから，動力は

$$P = Fv \tag{8・11}$$

となる．動力の単位は N・m/s であるが，これをワット（Watt, W）であらわしている．1 W は毎秒 1 J の仕事をするときの動力である．普通の機械では，1 W の動力は小さすぎるので kW を用い，また，仕事の単位として，1 時間を単位とした kW・h を用いている．1 kW・h の仕事とは，1 時間連続して 1 kW の動力がした仕事の量のことである．

また，法定上では認められていないが，慣用上，馬力（PS）の単位を用いることがある．これは

    1 PS = 0.7355 kW

    1 kW = 1.360 PS

に当たる．

〔例題 8·6〕 **自動車の登坂性能**　1250 kg の乗用車が，8°の傾斜の坂道を 30 km/h の速度で登るには，いくらの動力が必要か．ただし，自動車にはこれに働く重力の約 10% の抵抗が働くものとする．

〔解〕　自動車は坂道に沿った重力の成分と抵抗
$$F = 1.25 \times 9.81(\sin 8° + 0.10 \times \cos 8°)$$
$$= 1.70 + 1.21 = 2.91 \text{ kN}$$
に打ち勝って，$v = 30/3.6 = 8.3$ m/s の速度で登らなければならないので
$$P = 2.91 \times 8.3 = 24.2 \text{ kW}$$
の動力が必要である．馬力になおすと約 33 PS となる．

2. 回転機械の動力

物体がある回転軸のまわりに，トルク T によって Δt 時間の間に角度 $\Delta\theta$ だけ回転したとすれば，この間の動力は $P = T\Delta\theta/\Delta t$ であるが，$\Delta\theta/\Delta t$ は角速度 ω に等しいから

$$P = T\omega \tag{8·12}$$

角速度を毎分の回転数 N であらわせば

$$P = \frac{\pi}{30}TN \tag{8·13}$$

となる．

〔例題 8·7〕 **動力の伝達**　図 8·8 のように，モータ M でベルト駆動される従動車 F がある．モータ側のプーリの直径が 50 cm，回転数が 200 rpm，緊張側のベルトの張力が 2 kN で，ゆるみ側の張力がほぼその半分であったとすれば，いくらの動力が伝達されるか．

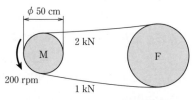

図 8·8　ベルトによる動力の伝達

〔解〕　モータ側のプーリの駆動トルクは
$$T = \frac{0.50}{2} \times (2-1) = 0.25 \text{ kN·m}$$

したがって，伝達される動力は

$$P = 0.25 \times \left(\frac{\pi}{30} \times 200\right) = 5.23 \text{ kW}$$

となる．

8·4 てこ，輪軸，滑車

1. てこ

図 8·9 に示すように，**てこ**（lever）を使って，重い物体を持ち上げる場合を考えてみよう．物体に働く重力を W，てこに加える力を F とし，支点 O からこれらの力の作用点までの距離をそれぞれ a, b とすれば，支点まわりのモーメントのつりあいから

$$Wa = Fb$$

で，二つの力の比率は

$$\frac{W}{F} = \frac{b}{a} \tag{8·14}$$

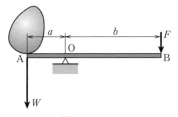

図 8·9 てこ

となる．この比率をてこの力比というが，力比が大きいほど，小さい力で重い物体を持ち上げたり，移動させることができる．

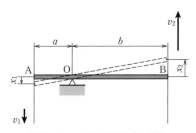

図 8·10 てこによる速度の変換

また，図 8·10 のように，てこの一端 A に力を加えて x_1 だけ動かすと，それにつれて他端 B はこれと反対方向に x_2 だけ動くが，この両方の変位の間に，式 (8·14) とは逆の $x_2/x_1 = b/a$ の関係がある．この運動に要する時間はいずれも同じであるから，A, B 点の速度 v_1, v_2 の間にも

$$\frac{v_2}{v_1} = \frac{x_2}{x_1} = \frac{b}{a} \tag{8·15}$$

の関係がある．これをてこの速比というが，その大きさは力比とまったく変わらない．この性質を利用して，てこは機械のなかで力を変化させたり，変位や速度の大きさや方向を変化させる役割を果たしている．

〔例題8·8〕 **ベルクランク** 図 8·11 に示すベルクランク (Bell-crank) の A 端に 50 N の力が働くとき，B 端にはいくらの力が働くか．

〔解〕 O 点まわりのモーメントのつりあい

$$50 \times 100 \sin 60° = 40F$$

より，ただちに $F = 108.3$ N となる．

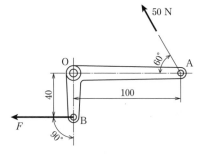

図 8·11 ベルクランク

2. 輪軸

てこと同じ原理で，重い物体を引き上げるものに**輪軸** (wheel and axle) がある．図 8·12 のように，同じ軸に異なった半径 R, r をもつ二つの円柱 A, B を固定し，A に巻かれた綱を F の力で引いて，B に巻かれた綱で重力 W の重い物体を引き上げるとき，回転軸まわりのモーメントのつりあい $FR = Wr$ より

$$F = W\frac{r}{R} \tag{8·16}$$

が得られる．二つの円柱の半径比 r/R が小さいほど，小さい力で重い物体を吊り上げることができる．

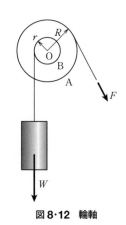

図 8·12 輪軸

この場合，W の物体を円柱 B の綱で高さ h だけ引き上げるのに，軸を $\theta = h/r$ の角度だけ回転させる必要があり，そのために，円柱 A の綱を $R\theta = (R/r)h$ だけ巻きとらなければならない．したがって，力 F による仕事は

$$F\frac{R}{r}h = Wh \tag{8·17}$$

で，これは物体 W を h だけ上げるに要する仕事に等しい．すなわち，力のほうは r/R 倍となって小さくなっても，距離のほうはその逆数の R/r 倍となって，仕事の量としては変わらない．これを**仕事の原理** (principle of work) というが，エネルギー保存の法則から考えれば当然のことである．てこや輪軸では，力で得をしても，距離で損をしていることとなる．

〔**例題 8・9**〕 図 **8・13** に示す輪軸で，150 kg の物体を 40 rpm の速度で巻き上げるとき，ロープを引く力と，必要な動力はいくらか．

〔**解**〕 式（**8・16**）によって，ロープを引く力は

$$F = 150 \times 9.81 \times \frac{16}{50} = 470.9 \text{ N}$$

ロープの速度は

$$v = 0.50 \times \left(\frac{\pi}{30} \times 40\right) = 2.09 \text{ m/s}$$

であるから，必要な動力は

$$P = Fv = 470.9 \times 2.09 = 984.2 \text{ W}$$

となる．

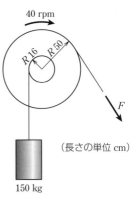

図 **8・13** 物体を巻き上げる輪軸

3. 滑車

重い物体を持ち上げたり，運搬するために，てこや輪軸のほかに，車を綱や鎖で軸のまわりに回転させる**滑車**（pulley）が用いられる．これには，図 **8・14** のように軸の位置を固定した**定滑車**（fixed pulley）と，図 **8・15** のように軸の位置が一定でない**動滑車**（movable pulley）とがある．

定滑車は単に力の向きを変えるだけで，力の大きさに変わりはない．動滑車では，その中心に重力 W の物体を吊るとき，滑車に働く重力を無視すれば，綱に働く力は物体の重力の 1/2 となる．ただし，物体を h の高さだけ引き上げるためには，図 **8・15** の AA′ と BB′ のあわせて $2h$ の長さの綱を引き上げる必要があり，仕事の量に変わりはない．すなわち，滑車にも上記の仕事の原理が成り立っている．

実際には，定滑車と動滑車，それに輪軸が種々組み合わされて使用される．そのおもな例を図 **8・16** に示す．滑車に働く重力を省略すれば，図（**a**）

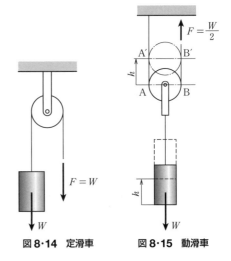

図 **8・14** 定滑車   図 **8・15** 動滑車

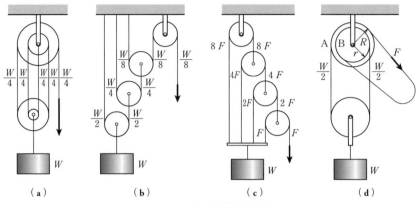

図8·16　おもな滑車の組合せ

の場合は，物体を引き上げるのに必要な力は，物体に働く重力の1/4，図(b)では1/8，図(c)では

$$F + 2F + 4F + 8F = 15F = W$$

で，1/15の力で用が足りる．図(d)は2個の定滑車AとBとを固定して一体とし，これに1個の動滑車を組み合わせたもので，これを**差動滑車**（differential pulley）とよんでいる．チェーンブロックは差動滑車の原理を利用したものである．Aにかかった鎖を力Fで引くとき，定滑車の中心まわりのモーメントのつりあい

$$\frac{W}{2}R = \frac{W}{2}r + FR$$

によって

$$F = \frac{R-r}{2R}W \tag{8·18}$$

となる．半径Rの値を大きく，Rとrとの差を小さくすれば，滑車の数を増さなくても，小さい力ですむこととなる．この場合，物体をhの高さだけ引き上げるために，Aにかかった鎖を引く長さsは，仕事の原理による式

$$Fs = Wh \tag{8·19}$$

を解いて

$$s = \frac{W}{F}h = \frac{2R}{R-r}h \tag{8·20}$$

となる．

〔例題 8・10〕 **差動滑車**　直径が 25 cm と 22 cm の定滑車を有する差動滑車を用いて，200 kg の機械を引き上げるためには，いくらの力が必要か．
〔解〕　式 (8・18) によって

$$F = \frac{25-22}{2 \times 25} \times 200 \times 9.81 = 117.7 \text{ N}$$

で，機械に働く重力 2.0 kN の 5.9% 程度にすぎない．

8・5　機械の効率

機械で仕事をする場合，摩擦がなければ仕事の原理が成り立つが，実際には，機械に与えられたエネルギーの一部が摩擦などのために失われるため，機械がなす有効な仕事は与えられたエネルギーより常に小さい．機械がなす有効な仕事と，これに供給されるエネルギーとの比を**機械の効率**（mechanical efficiency）という．

単位時間になされる仕事の量が動力なので，仕事を動力でおきかえて，機械から取り出しうる動力と，これに供給される動力の比も同じ機械の効率をあらわす．また，それぞれの効率が $\eta_1, \eta_2, \eta_3, \cdots$ であるいくつかの機械を組み合わせてつくられた装置全体の効率は，各機械の効率の積

$$\eta = \eta_1 \eta_2 \eta_3 \cdots \tag{8・21}$$

で与えられる．

〔例題 8・11〕 効率 70% のクレーンで，1 t の物体を 30 m/min の速さで吊り上げるためには，いくらの動力のモータが必要か．
〔解〕　物体を引き上げるのに必要な動力は

$$P' = 1 \times 9.81 \times \frac{30}{60} = 4.91 \text{ kW}$$

クレーンの効率を考えれば，モータには

$$P = \frac{P'}{\eta} = \frac{4.91}{0.70} = 7.01 \text{ kW}$$

の動力が必要である．

演習問題

8·1 質量 m の物体に初速度 v を与えて床の上をすべらせたところ、s だけ進んで静止した。この物体と床との間の摩擦係数はいくらか。

8·2 10 kg の物体が、斜面を（鉛直）高さ 8 m だけすべり降りたときの速度が 20 cm/s であった。物体が下降するまでに失ったエネルギーはいくらか。

8·3 図 8·17 のように、質量 m の物体が s だけ圧縮されたばね（ばね定数 k）によって放出されるときの速度はいくらか。

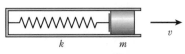

図 8·17　演習問題 8·3

8·4 一端で回転支持された長さ l の棒 OA を、図 8·18 のように、水平にしてから静かに放せば、棒が支点の真下にきたときの先端の速度はいくらか。

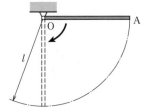

図 8·18　演習問題 8·4

8·5 1000 t の水を 2 m の高さまで汲み上げるのに、2 kW のモータを使うと何時間かかるか。

8·6 落口の高さ 20 m、幅 2 m、深さ 0.8 m で、水の速さ 6 m/s の滝の水のエネルギーの全部を有効に利用すれば、これからいくらの動力が得られるか。

8·7 1200 rpm で回転する 5 kW のモータのトルクはいくらか。

8·8 バイトで鋼棒を削るとき、切削速度が 25 m/min で、刃物に働く抵抗力が 5 kN であれば、切削にどれだけの動力が消費されるか。

8·9 総質量 200 t の列車がこう配 1/1000 の坂を 60 km/h の速度で上るには、いくらの動力が必要か。列車には、これに働く重力の約 0.5% の摩擦抵抗が働いている。

8·10 図 8·16 に示す滑車において、各動滑車に働く重力 w を考慮に入れると、物体を引き上げる力はいくらになるか。

9

運動量と力積,衝突

9·1 運動量と力積

1. 運動量と力積

図 9·1 のように,質量 m の物体に大きさ F の力が働いて,短い時間 t にその速度が v_0 から v まで変わったとすれば,その加速度は

$$a = \frac{v-v_0}{t} \quad (9 \cdot 1)$$

である.運動の第二法則によって

$$F = \frac{m(v-v_0)}{t} \quad (9 \cdot 2)$$

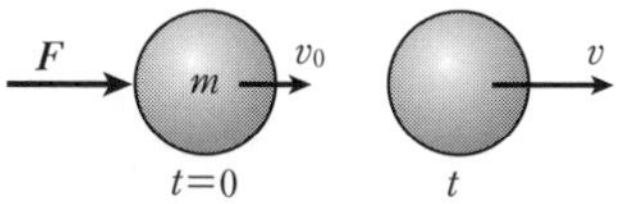

図 9·1 物体に働く力と運動の変化

両辺に t を乗じて

$$Ft = mv - mv_0 \quad (9 \cdot 3)$$

が得られる.

力とそれが作用した時間との積を**力積**(impulse)といい,物体の質量と速度との積を**運動量**(momentum)という.式(9·3)は,一定の力 F が質量 m の物体に t 時間働いて,物体の速度が v_0 から v に変化するとき,その間における運動量の変化が力積に等しいことを示している.

運動量の変化が一定のときは,力の大きさと時間とは反比例の関係にあり,短い時間に一定の運動量の変化を与えるためには,それだけ大きい力を必要とする.このような力を**衝撃力**(impulsive force)という.物体が衝突する場合がそうで,運動している物体が急に止まったり,突然運動が変化するので,短い時間にきわめて大きい衝撃力が働く.これを防ぐためには,なるべく長い時間をかけて運動量を変化させなければならない.航空機の着陸装置(landing gear)や,荷物の箱の中に

入れる緩衝材料（cushion）などはこのためのものである．逆に，ハンマや火薬などは，この衝撃力を利用して，物体の破砕や加工を行っている．

力 F が時間とともに変化するときは，式(9・3)は積分形

$$\int_0^t F dt = mv - mv_0 \qquad (9・4)$$

で与えられる．

〔例題 9・1〕 **杭に働く力** 図 9・2 のように，3 m の高さから 60 kg のハンマを落として杭を打ちこむ場合，杭にハンマが当たってから静止するまでに 0.1 秒かかった．この間に，杭に働く地面の反力はいくらか．

〔解〕 杭に当たるときのハンマの落下速度は，例題 4・5 の式(e)によって

$$v_0 = \sqrt{2gh} = \sqrt{2 \times 9.81 \times 3} = 7.67 \text{ m/s}$$

式(9・2)で $v = 0$ とすれば

$$F = \frac{0.060 \times (0 - 7.67)}{0.1} = -4.60 \text{ kN}$$

で，杭には地面から上向き反力（負の力）が働く．

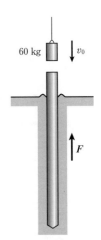

図 9・2 杭を打ちこむハンマ

2. 流れと力

案内羽根によって方向が変えられる水流や，ダクト内の空気の流れを考えてみよう．いま，図 9・3 のように，短い時間 Δt に，質量 Δm の水あるいは空気がある空間 S に流入し，これが Δt 時間ののち，S から流出したとすれば，力積と運動量の原理によって

$$\Delta m(v' - v) = F \Delta t \qquad (9・5)$$

が成り立つ．v は流入する流体の速度，v' は流出する流体の速度で，F は流体に働く力をあらわす．式(9・5)の両辺を Δt で割ると

$$F = Q(v' - v) \qquad (9・6)$$

で，$Q = \Delta m / \Delta t$ は単位時間に S を流れる質量（流量）をあらわす．そして，この場合，案内羽根やダクトに

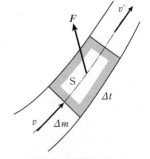

図 9・3 曲管内の流れ

は反作用の力 $-F$ が働く.

〔**例題 9·2**〕 **案内羽根におよぼす水流の力**
図 9·4 のように,断面積 A,速度 v の水流の方向が,固定羽根によって角度 α だけ曲げられる.羽根に働く力はいくらか.

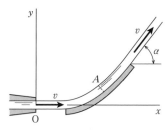

図 9·4 案内羽根で曲げられる水流

〔**解**〕 流体の密度を ρ とすれば,流量は

$$Q = \rho A v \qquad (\text{a})$$

である.図のように座標軸をとれば,案内羽根に働く反力の各軸方向の分力は

$$\left.\begin{array}{l} F_x = -Q(v\cos\alpha - v) = \rho A v^2 (1-\cos\alpha) \\ F_y = -Q(v\sin\alpha - 0) = -\rho A v^2 \sin\alpha \end{array}\right\} \qquad (\text{b})$$

したがって,その大きさは

$$F = \rho A v^2 \sqrt{(1-\cos\alpha)^2 + \sin^2\alpha} = 2\rho A v^2 \sin\frac{\alpha}{2} \qquad (\text{c})$$

で,方向は y 軸と

$$\tan\phi = -\frac{1-\cos\alpha}{\sin\alpha} = -\tan\frac{\alpha}{2}, \quad \phi = -\frac{\alpha}{2} \qquad (\text{d})$$

すなわち,右下方へ羽根の曲がりの角を2等分する方向を向いている.

〔**例題 9·3**〕 **ジェットエンジンの推力と動力** 850 km/h の(対気)速度で水平飛行する航空機が,毎秒 60 kg の空気をエンジンに取り入れ,機体に対して 700 m/s の速度で排出している.この航空機に対するエンジンの推力はいくらか.またこのときの動力はいくらか.

〔**解**〕 エンジンの吸気速度は,航空機の対気速度に等しい $v = 850/3.6 = 235$ m/s であるから,式(**9·6**)によって,推力の大きさは

$$F = 0.060 \times (700 - 235) = 27.9 \text{ kN}$$

動力は,これに航空機の速度を乗じた

$$P = 27.9 \times 235 = 6556.5 \text{ kW}$$

となる.

9·2 角運動量と角力積

前節で述べたのと同じ関係が回転する物体にも成り立つ．角速度 ω_0 で回転している物体に，大きさ T のトルクが働いて，t 秒間の間に角速度が ω になったとすれば，このときの角加速度は

$$\alpha = \frac{\omega - \omega_0}{t} \tag{9·7}$$

回転軸のまわりの物体の慣性モーメントを I とすれば

$$T = \frac{I(\omega - \omega_0)}{t} \tag{9·8}$$

あるいは，これを書きなおして

$$Tt = I\omega - I\omega_0 \tag{9·9}$$

となる．この慣性モーメントと角速度との積を**角運動量**（angular momentum）といい，トルクと時間との積を**角力積**（angular impulse）という．こうして<u>一定のトルクがある時間物体に作用してその角速度が変化するとき，物体の角運動量の変化は角力積に等しい</u>．

図 **9·5** のように，軸 OO′ から r の距離にある質量 m の物体が角速度 ω で軸のまわりを回転するとき，物体の慣性モーメントは mr^2 なので，角運動量の大きさは $mr^2\omega$ に等しい．また，この物体の周速は $v = r\omega$ であるから，角運動量は mvr とも書ける．mv はこの物体の運動量なので，角運動量は運動量のモーメントとも考えられる．

トルク T が時間とともに変化するときは，式 (**9·9**) の関係は積分形

$$\int_0^t T\,dt = I\omega - I\omega_0 \tag{9·10}$$

で与えられる．

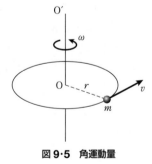

図 **9·5** 角運動量

9·3 運動量保存の法則

図 9·6 のように，それぞれ v_1, v_2 の速度で運動していた質量 m_1, m_2 の二つの物体 A, B が，短い t 秒間の間互いに接触したのち離れて，それぞれ速度 v_1', v_2' になったとする．この t 秒間に物体 A が物体 B に大きさ F の力を与えたとすれば，作用・反作用の法則により，A は B から $-F$ の力を受ける．この接触による両物体の運動量の変化は

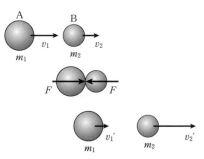

図 9·6 運動量保存の法則

$$\left. \begin{array}{ll} \text{Aについて} & m_1(v_1' - v_1) = -Ft \\ \text{Bについて} & m_2(v_2' - v_2) = Ft \end{array} \right\} \tag{9·11}$$

で，この二つの式の両辺を加えて

$$m_1 v_1 + m_2 v_2 = m_1 v_1' + m_2 v_2' \tag{9·12}$$

が得られる．このように

<u>二つの物体に外部から力が作用しないで，ただ内力だけが働くときは，この二つの物体の運動量の和は一定である</u>．

これを**運動量保存の法則**（law of conservation of momentum）という．三つ以上の物体についても同様で，外部から力が働かないかぎり，運動量の総和は

$$\sum m_i v_i = \text{一定} \tag{9·13}$$

である．

回転運動でも同様で，回転体に外力が働かないか，働いてもその回転軸のまわりの力のモーメントがゼロのとき，その軸に関する角運動量は一定である．これを**角運動量保存の法則**（law of conservation of angular momentum）という．

〔例題 9·4〕 **破片の運動** 30 m/s の速度で飛んでいる 1.2 kg の物体が爆発して，0.4 kg と 0.8 kg の二つの破片に分かれた．爆発直後，破片は図 9·7 に示す方向に飛んだとすれば，各破片の速度はいくらか．

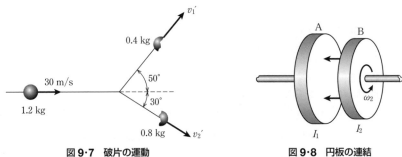

図 9·7　破片の運動　　　　　　　図 9·8　円板の連結

〔解〕　爆発力は内力であるから，物体の最初の飛行方向とこれに直角な方向の運動量に変化はない．爆発直後の破片の速度を，それぞれ v_1', v_2' とすれば
$$1.2 \times 30 = 0.4 v_1' \cos 50° + 0.8 v_2' \cos 30°$$
$$0 = 0.4 v_1' \sin 50° - 0.8 v_2' \sin 30°$$
上の式に $\sin 30°$ を，下の式に $\cos 30°$ を乗じて加えれば，v_2' は消えて
$$0.4 v_1' \sin(50° + 30°) = 1.2 \times 30 \sin 30°$$
となる．したがって，これより $v_1' = 46$ m/s．上の第二式より
$$0.8 v_2' \sin 30° = 0.4 \times 46 \sin 50°$$
で，$v_2' = 35.2$ m/s となる．

〔例題 9·5〕　**円板の連結**　図 9·8 のように，静止している円板 A に，角速度 ω_2 で回転している円板 B が急にクラッチで連結される．二つの円板の慣性モーメントをそれぞれ I_1, I_2 とすれば，連結後の角速度はいくらか．

〔解〕　連結後の角速度を ω' とすれば，角運動量保存の法則により
$$I_2 \omega_2 = (I_1 + I_2) \omega' \tag{a}$$
これより ω' を解いて
$$\omega' = \frac{I_2}{I_1 + I_2} \omega_2 \tag{b}$$
となる．

9·4 衝突

二つの物体が互いに衝突するときは，物体はきわめて短時間に大きい速度変化を受ける．二つの物体の速度の方向がその接触面と直角な場合を**直衝突**（direct impact）といい，そうでない場合を**斜め衝突**（oblique impact）とよんでいる．また，衝突の際，二物体間に働く力の作用線がおのおのの物体の重心を通る場合を心向き衝突，そうでない場合を偏心衝突とよんで区別している．

1. 心向き直衝突

図 **9·6** のように，一つの直線上を運動する質量 m_1, m_2 の二つの物体の衝突前の速度を v_1, v_2 $(v_1 > v_2)$ とし，衝突後の速度を v_1', v_2' $(v_1' \leq v_2')$ とすれば，運動量保存の法則により

$$m_1 v_1 + m_2 v_2 = m_1 v_1' + m_2 v_2' \tag{9·14}$$

が成り立つ．

速度 $v_1 - v_2$ は衝突前二つの物体が互いに接近する相対速度，$v_2' - v_1'$ は衝突後分離する相対速度で，普通これら二つの速度の比

$$e = \frac{v_2' - v_1'}{v_1 - v_2} \tag{9·15}$$

は，二つの物体の材質によって決まる一定の値をもっている．この値を**反発係数**（coefficient of restitution）とよんでいる．

式 (**9·14**) と (**9·15**) から v_1' と v_2' を解くことによって，衝突直後の速度が求められる．すなわち

$$\left. \begin{array}{l} v_1' = v_1 - \dfrac{m_2}{m_1 + m_2}(1+e)(v_1 - v_2) \\[2mm] v_2' = v_2 + \dfrac{m_1}{m_1 + m_2}(1+e)(v_1 - v_2) \end{array} \right\} \tag{9·16}$$

衝突の前後にもっていた運動エネルギーは，それぞれ

$$E = \frac{1}{2} m_1 v_1^2 + \frac{1}{2} m_2 v_2^2, \quad E' = \frac{1}{2} m_1 v_1'^2 + \frac{1}{2} m_2 v_2'^2 \tag{9·17}$$

その差をとれば

$$\Delta E = E - E' = \frac{1}{2}\frac{m_1 m_2}{m_1 + m_2}(1-e^2)(v_1-v_2)^2 > 0 \qquad (9\cdot 18)$$

で，衝突によって，エネルギーがこれだけ失われたこととなる．

図 9・9 のように，物体が壁や床のような大きい物体に衝突するときは，式 (9・16) において，壁か床の質量を $m_2 = \infty$，速度を $v_2 = 0$ と考えて

$$v_1' = v_1 - (1+e)v_1 = -ev_1,$$
$$v_2' = 0 \qquad (9\cdot 19)$$

物体は衝突速度の e 倍の速度ではねかえされる．

反発係数が $e = 1$ のときは $\Delta E = 0$ で，衝突によるエネルギー損失はまったくない．これを**完全弾性衝突**（perfectly elastic collision）という．これとは逆に，$e = 0$ のときはエネルギー損失は最大で，衝突後の速度は

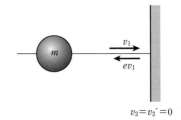

図 9・9 壁ではねかえる球

$$v_1' = v_2' = \frac{m_1 v_1 + m_2 v_2}{m_1 + m_2} \qquad (9\cdot 20)$$

となって，二つの物体は一体となって運動する．このような衝突を**完全非弾性衝突**（perfectly inelastic collision）という．上記の例題 9・5 はこの場合に当たる．

普通，反発係数はこの中間の値 ($0 < e < 1$) をもち，物体の形，衝突速度などによっても違うが，おおむね表 9・1 に示す値をもっている．かたい物質では e は 1 に近く，やわらかい物質ほど e の値は小さい．

表 9・1 反発係数

材質	e
象牙 － 象牙	0.95
ガラス － ガラス	0.95
コルク － コルク	0.55
木 － 木	0.50
鋳鉄 － 鋳鉄	0.65
鋼 － 鋼	0.55
黄銅 － 黄銅	0.35
鉛 － 鉛	0.20

〔例題 9・6〕 **反発係数の測定** 鋼球を 2 m の高さから床に落としたところ，約 1/3 の高さまではね上がった．床と鋼球の間の反発係数はいくらか．

〔解〕 鋼球が床に衝突するときの速度は，例題 4・5 の式 (**e**) により

$$v_1 = \sqrt{2 \times 9.81 \times 2} = 6.26 \text{ m/s}$$

で，はねかえる速度は $-v_1' = ev_1 = 6.26$ m/s である．この速度で再び $(1/3) \times 2 = 0.67$ m まではね上がるので

$$6.26\,e = \sqrt{2 \times 9.81 \times 0.67} = 3.63 \text{ m/s}$$

これから，およそ $e = 0.58$ となる．

2. 心向き斜め衝突

図 9·10 のように，質量 m_1，m_2 の二つのなめらかな球が斜めに衝突する場合を考えてみよう．二つの球の接触面に摩擦力が働かなければ，接触面の方向の球の速度成分に変化はなく，衝突の前後で変化するのは，球の中心を結ぶ直線の方向の速度成分だけである．二つの球の衝突前の速度をそれぞれ v_1, v_2，衝突後の速度を v_1', v_2' として，これらの球の経

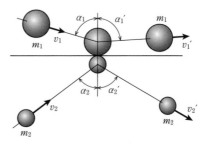

図 9·10 心向き斜め衝突

路と衝突時の中心線との間の角を図のようにとれば，接触面の方向の速度成分は

$$v_1 \sin \alpha_1 = v_1' \sin \alpha_1', \quad v_2 \sin \alpha_2 = v_2' \sin \alpha_2' \tag{9·21}$$

中心線の方向への速度成分については，心向き衝突と同じ考え方が適用できるので

$$\left. \begin{array}{l} v_1' \cos \alpha_1' = v_1 \cos \alpha_1 - \dfrac{m_2}{m_1 + m_2}(1+e)(v_1 \cos \alpha_1 - v_2 \cos \alpha_2) \\[2mm] v_2' \cos \alpha_2' = v_2 \cos \alpha_2 + \dfrac{m_1}{m_1 + m_2}(1+e)(v_1 \cos \alpha_1 - v_2 \cos \alpha_2) \end{array} \right\}$$

$$(9·22)$$

となる．式 (9·21) と (9·22) から衝突後の速度の大きさとその方向が決定される．

〔**例題 9·7**〕 **床に斜めに衝突する鋼球** 図 9·11 のように，鋼球が 50° の角度でなめらかな床に衝突した．鋼球と床との間の反発係数が 0.5，衝突速度が 20 m/s であったとすれば，衝突後の速度の大きさと方向はいくらか．

〔解〕 鋼球の衝突後の速度を v_1'，床との間の角度を α_1' とすれば，床の方向とこれに垂直な方向の速度成分はそれぞれ

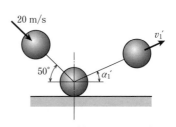

図 9·11 床で斜めにはねかえる鋼球

$v_1' \cos \alpha_1' = 20 \cos 50° = 12.86$ m/s

$v_1' \sin \alpha_1' = 0.5 \times 20 \sin 50° = 7.66$ m/s

したがって，球は大きさ

$$v_1' = \sqrt{12.86^2 + 7.66^2} = 14.7 \text{ m/s}$$

の速度で，床と

$$\alpha_1' = \tan^{-1} \frac{7.66}{12.86} = 30°47'$$

の角度の方向へはねかえる．

3. 偏心衝突

図 **9・12** のように，質量 m_1 の球が，静止している剛体棒の重心以外の点に，垂直に衝突する場合を考えてみよう．球の衝突前後の速度をそれぞれ v_1, v_1' とすれば，衝突時の力積は

$$P = -m_1(v_1' - v_1) \qquad (9 \cdot 23)$$

である．棒の質量を m_2，重心まわりの慣性モーメントを I_G とし，衝突後の重心の速度を v'，回転角速度を ω' とすれば，重心の並進運動と重心まわりの回転運動とに関して

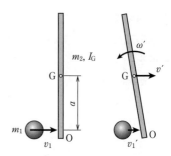

図 9・12 球と棒の衝突

$$P = m_2 v', \quad Pa = I_G \omega' \qquad (9 \cdot 24)$$

が成り立つ．a は棒の重心と打撃点 O との間の距離をあらわす．衝突後の O 点における棒の速度を v_2' とすれば

$$v_2' = v' + a\omega' = \frac{P}{m_2} + \frac{Pa^2}{I_G} = \frac{P}{m_2}\left(1 + \frac{a^2}{k_G^2}\right) \qquad (9 \cdot 25)$$

となる．k_G は重心まわりの棒の回転半径をあらわす．ここで

$$m_e = \frac{m_2}{1 + a^2/k_G^2} \qquad (9 \cdot 26)$$

とおくと，式 (**9・25**) は

$$P = m_e v_2' \qquad (9 \cdot 27)$$

と書ける．式 (**9・23**) と (**9・27**) とを等しいとおいて整理すると

$$m_1 v_1 = m_1 v_1' + m_e v_2' \qquad (9 \cdot 28)$$

で，これは棒を質量 m_e の球でおきかえたときの運動量保存の法則をあらわす．この等価質量 m_e を**換算質量**（reduced mass）という．球と棒の間の反発係数を e とすれば

$$v_2' - v_1' = ev_1 \tag{9·29}$$

で，式(9·28)と(9·29)とによって，衝突後の速度

$$v_1' = \frac{m_1 - em_e}{m_1 + m_e}v_1, \quad v_2' = \frac{(1+e)m_1}{m_1 + m_e}v_1 \tag{9·30}$$

が決定する．棒の回転速度は式(9·24)以下の式によって

$$\omega' = \frac{Pa}{I_G} = \frac{(1+e)m_1 m_e a}{(m_1 + m_e)m_2 k_G^2}v_1 \tag{9·31}$$

となる．

4. 打撃の中心

上記の棒において，打撃点 O の反対側で，重心から b の距離にある点 O′ の速度は $v' - b\omega'$ であるが，b が

$$b = \frac{v'}{\omega'} \tag{9·32}$$

のとき，棒の並進運動と回転運動とが互いに打ち消しあって，この点の速度はゼロとなる．式(9·24)によって，b の値は

$$b = \frac{P/m_2}{Pa/I_G} = \frac{k_G^2}{a} \tag{9·33}$$

となり，a と b との間には

$$ab = k_G^2 \tag{9·34}$$

の関係がある．このとき，O′ 点を O 点に対する**打撃の中心**（center of percussion）という．逆に，O 点は O′ 点の打撃の中心でもある．野球のバットでボールを打つ場合，打撃の中心を握って打てば手に衝撃力を感じない．

図 9·13 のように，棒が一つの支点 A で支えられていると，この点から反力を受けて，その運動は異なったものとなる．棒の A 点に関する慣性モーメントを I_A，打撃点 O との距離を l とすれば，A 点のまわりの角運動

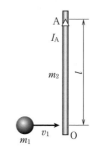

図 9·13 一点で支えられた棒と球の衝突

量保存の法則から
$$m_1 v_1 l = m_1 v_1' l + I_A \omega' \tag{9.35}$$
衝突後の O 点の速度は $v_2' = l\omega'$ と書けるので
$$m_e^* = \frac{I_A}{l^2} = m_2 \frac{k_A^2}{l^2} \tag{9.36}$$
とおけば，再び式(9·28)と同じ形の式
$$m_1 v_1 = m_1 v_1' + m_e^* v_2' \tag{9.37}$$
が導かれる．

〔**例題 9·8**〕 **一端が支えられた棒の打撃** 長さ 90 cm の細長い棒の一端が回転支持されて，鉛直に吊られている．支点に衝撃力を与えないためには，どこをたたけばよいか．

〔解〕 棒の中央にある重心まわりの回転半径は，例題 6·4 の式(**b**)によって
$$k_G = \frac{90}{2\sqrt{3}} = 26.0 \text{ cm}$$
支点に衝撃力を与えないためには，重心より a の距離にある打撃点に対して，反対側の $b = 45$ cm の距離にある支点が打撃の中心にあればよい．したがって
$$a = \frac{k_G^2}{b} = \frac{26.0^2}{45} = 15.0 \text{ cm}$$
で，棒の下端から 30 cm のところをたたけばよい．

演習問題

9·1 静止している質量 m の物体に，図 9·14 に示す半波正弦力
$$F(t) = F_0 \sin\left(\frac{2\pi}{T} t\right) \quad \left(0 < t < \frac{T}{2}\right)$$
が働くと，物体はどれだけの速度で運動するか．

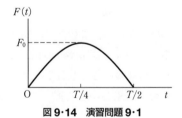

図 9·14 演習問題 9·1

9·2 毎分 10 t の水が 3 m/s の速さで壁に垂直に当たるとき，壁面の受ける力はいくらか．

9·3 ジェット機には，着陸距離を短くするために，図 9·15 のように，エンジンからの噴出ガスを前方へ吹き出す逆噴射装置（thrust reverser）がある．エンジ

ンが毎秒 90 kg の空気を吸い込み，これを前方へ角度 20°，速度 600 m/s で噴射するとき，時速 200 km/h の航空機にはどれだけの逆推力が働くか．

9・4 質量 900 kg のヘリコプタのロータが，直径 9.5 m，最大風速 12 m/s の一様な吹下ろし流を生じさせることができる．このヘリコプタが出しうる最大の力はいくらか．また，どれだけの質量のものが積載できるか．低い高度では，空気の密度は 1.25 kg/m³ である．

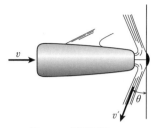

図 9・15 演習問題 9・3

9・5 15 t の貨車が 3 m/s の速度で，静止している 25 t の別の貨車に連結した．連結後の貨車の速度はいくらか．連結するのに 0.4 秒かかるとすれば，二つの貨車の間に働く平均の衝撃力はいくらか．貨車とレールとの間の摩擦力を省略して計算せよ．

9・6 図 9・16 のように，長さ 1 m の 2 本の綱で吊られた 5 kg の物体に，30 g の鉛球を水平に撃ちこんだら，綱が 15° 傾いた．鉛の球の速さはいくらか．

9・7 反発係数が 0.6 の二つの球 A，B がある．B 球が静止しているところへ，A 球が正面衝突したら，A 球が止まって B 球が動き出した．この二つの球の質量比はいくらか．

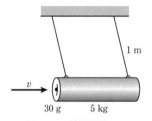

図 9・16 演習問題 9・6

9・8 図 9・17 のように，両端に等しい質量 m を取りつけた長さ l の軽い剛体棒を水平に落とし，一端から a の点を，v の速度でかたい支点に衝突させた．このあと，棒が支点を中心として回転するものとすれば，その速度はいくらか．

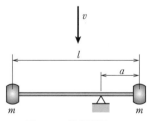

図 9・17 演習問題 9・8

10

振動

10·1 単振動

半径 A の円周上を一定の角速度 ω で回転する点 P がある．図 10·1 のように，直交座標系 O-xy をとれば，x, y 軸上における P 点の正射影は左右と上下に往復運動する．x 軸上への正射影 Q 点の座標は，角 POQ を θ として $x = A \cos \theta$ であるが，P 点が最初 $(t=0)$ x 軸上の点 P_0 にあったとすれば，$\theta = \omega t$ であるから

$$x = A \cos \omega t \tag{10·1}$$

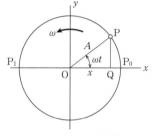

図 10·1 一定速度で円運動する点

と書ける．このような，正弦関数や余弦関数であらわされる運動を**単振動**（simple harmonic motion）といい，A をその**振幅**（amplitude）という．そして，P 点が円周上を 1 周し，Q 点が x 軸上を P_0 点から左端の P_1 点にいたり，再びもとの P_0 点へ戻ってくるまでの時間

$$T = \frac{2\pi}{\omega} \tag{10·2}$$

を**周期**（period），その逆数の

$$f = \frac{1}{T} = \frac{\omega}{2\pi} \tag{10·3}$$

を**振動数**（frequency）という．振動数 f は 1 秒間の振動の回数で，Hz（ヘルツ）の単位で測られる．

x 軸に沿った Q 点の速度は式 (10·1) を時間で微分して得られ，加速度はこれをもう一度時間で微分して得られる．すなわち

$$v = \frac{dx}{dt} = -A\omega \sin \omega t \tag{10・4}$$

$$a = \frac{d^2 x}{dt^2} = -A\omega^2 \cos \omega t \tag{10・5}$$

速度は振動の中心 O で最大値 $A\omega$ をもち，両端で 0 となる．これに対して，加速度は中心でゼロ，両端で最大値 $A\omega^2$ をもつ．図 **10・2** に x, v, a の三つの曲線を示す．

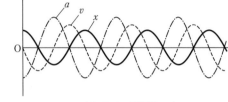

図 **10・2** 単振動

式 (**10・5**) は

$$a = -\omega^2 x \quad (10・6)$$

と書くこともできる．これより，単振動では，加速度は中心からの変位に比例し，常に中心に向かっていることがわかる．

式 (**10・6**) は微分記号を用いて

$$\frac{d^2 x}{dt^2} + \omega^2 x = 0 \tag{10・7}$$

と書くこともできる．この式は 2 階の常微分方程式で，式 (**10・1**) はその解に当たる．

〔例題 **10・1**〕 **物体のおどり** 振幅 2 mm，振動数が 5 Hz で振動する物体の最大速度と最大加速度はいくらか．机の上や，荷台の上におかれた物体は，加速度が重力加速度を超えるとおどりだす．おどらないためには，振幅はいくらでなければならないか．

〔解〕 最大速度は

$$v_{\max} = 0.2 \times (2\pi \times 5) = 6.28 \text{ cm/s}$$

最大加速度は

$$a_{\max} = 0.2 \times (2\pi \times 5)^2 = 197.19 \text{ cm/s}^2$$

で，これが $1g$ を超えないためには

$$a_{\max} = A\omega^2 < g \tag{a}$$

したがって

$$A < \frac{g}{\omega^2} = \frac{9810}{(2\pi \times 5)^2} = 9.95 \text{ mm} \tag{b}$$

でなければならない．

10·2 　振子の振動

1.　単振子

　図 **10·3** のように，長さ l の細い糸の先端に質量 m の物体を吊り，他端を O 点で固定して鉛直面内で振らせると，O 点を中心として半径 l の円周上を往復運動する．これを**単振子**（simple pendulum）という．

　糸が鉛直線に対して θ の角度だけ傾いた場合を考えてみよう．このとき，物体に働く重力 mg を，糸の方向の成分とこれに垂直な方向の成分に分解すれば，糸の方向の成分 $mg \cos\theta$ は糸の張力とつりあって，振子の運動には直接関係しないが，糸に垂直な成分 $mg \sin\theta$ は支点のまわりに θ が増加する向きとは逆のモーメント $mgl \sin\theta$ を与える．振子の角加速度を α とすれば，O 点まわりの慣性モーメントは ml^2 なので，式(**6·20**)によって

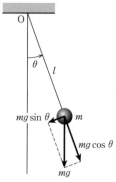

図 **10·3**　単振子

$$ml^2 \alpha = -mgl \sin\theta \tag{10·8}$$

が成り立つ．振れの角 θ が小さいときは，$\sin\theta \fallingdotseq \theta$ と考えて差し支えないので

$$\alpha = -\frac{g}{l}\theta \tag{10·9}$$

あるいは

$$\frac{d^2\theta}{dt^2} + \frac{g}{l}\theta = 0 \tag{10·10}$$

となる．$\omega = \sqrt{g/l}$ とおけば，式(**10·9**)と(**10·10**)はそれぞれ式(**10·6**)，(**10·7**)と同じ形の式で，その結果，振子は周期

$$T = 2\pi \sqrt{\frac{l}{g}} \tag{10·11}$$

振動数

$$f = \frac{1}{2\pi}\sqrt{\frac{g}{l}} \tag{10・12}$$

の単振動をする．この場合，重力加速度 g を一定とみなせば，振子の周期はその長さだけに関係し，振幅や物体の質量には関係しない．これを振子の**等時性**（isochronism）という．

〔例題 **10・2**〕 **振子の長さ** 周期がちょうど1秒の振子の長さはいくらか．また，周期が5秒の振子では，長さはいくらになるか．

〔解〕 式(**10・11**)を長さ l で解いて

$$l = \left(\frac{T}{2\pi}\right)^2 g = \left(\frac{1}{2\pi}\right)^2 \times 981 = 24.8 \text{ cm} \tag{a}$$

振子の長さは周期の2乗に比例するから，周期が5秒の振子では25倍の

$$l' = 0.248 \times 25 = 6.20 \text{ m}$$

となる．

長い周期の成分をもつ地震波形を記録するには，同じ長周期の地震計が必要であるが，このような長い振子では実用的でないので，つぎの水平振子が応用される．

2. 水平振子

図 **10・4** のように，質量 m を剛体棒の先端に取りつけ，他端の支軸を水平面に対して角度 α だけ傾けた振子の振動を考える．この場合，振子の方向に働く重力加速度の成分は $g\cos\alpha$ となるので，式(**10・11**)の g をこれに書きかえて，振子の周

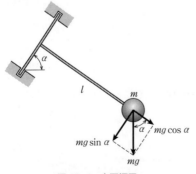

図 **10・4** 水平振子

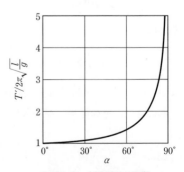

図 **10・5** 水平振子の周期

期は

$$T' = 2\pi\sqrt{\frac{l}{g\cos\alpha}} \qquad (10\cdot 13)$$

となる．図 **10·5** に角度と周期（単振子の周期との比）の間の関係を示す．角度 α を 90°に近くすれば，周期はいくらでも大きくなる．長周期のものほど回転軸が鉛直に近く，振子の振動面が水平に近いので，これを **水平振子**（horizontal pendulum）とよんでいる．

3. 物理振子

図 **10·6** のように，物体を重心を通らない水平軸で支えて吊り下げたときの振動を考えてみよう．物体の質量を m，回転軸である O 点まわりの慣性モーメントを I_O とし，O 点と重心 G との間の長さを h とすれば，振子が小さい角 θ だけ傾いたとき，これとは逆向きのモーメント $mgh\,\theta$ が働き，その結果，式 **(10·6)** あるいは **(10·9)** と同じ形の方程式

$$I_O\alpha = -mgh\,\theta \qquad (10\cdot 14)$$

が成り立ち，周期は

$$T = 2\pi\sqrt{\frac{I_O}{mgh}} \qquad (10\cdot 15)$$

となる．このような振子を **物理振子**（physical pendulum），あるいは **複振子**（compound pendulum）という．

O 点のまわりの物体の回転半径を k_O とすれば，$I_O = mk_O^2$ であるから

$$T = 2\pi\sqrt{\frac{k_O^2}{gh}} \qquad (10\cdot 16)$$

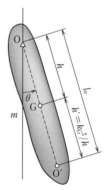

図 **10·6**　物理振子

となるが，さらに

$$l_e = \frac{k_O^2}{h} \qquad (10\cdot 17)$$

とおくと，周期は $T = 2\pi\sqrt{l_e/g}$ となって，単振子の周期と等しくなる．このことから，この l_e を **相当単振子**（equivalent simple pendulum）の長さという．

また，重心を通って，O 軸に平行な軸のまわりの回転半径を k_G とすれば，$k_O^2 = h^2 + k_G^2$ であるから

$$l_e = h + \frac{k_G^2}{h} \tag{10・18}$$

で，線分 OG の延長線上に $GO' = k_G^2/h = h'$ となるように O' 点をとれば，線分 OO' は相当単振子の長さとなる．O' 点をこの振子の振動の中心という．$hh' = k_G^2$ の関係があるので，h と h' をとりかえても，式 (10・18) の l_e の長さは変わらない．したがって，振動の中心を振子の支点としてもその周期に変わりはない．

ある物体を任意の軸のまわりに振動させて周期 T を測り，さらに，その物体の重心から軸までの距離 h を測定すれば，式 (10・16) により，軸のまわりの回転半径

$$k_O = \frac{T}{2\pi}\sqrt{gh} \tag{10・19}$$

が求められる．重心を通る軸のまわりの回転半径は

$$k_G^2 = k_O^2 - h^2 \tag{10・20}$$

から決定される．

〔例題 10・3〕 **金属製バットの慣性モーメント** 図 10・7 のように，長さ 85 cm，質量 950 g の野球のバット（金属製）の握りの中心 A を支点として振動させたところ，周期は 1.4 秒であった．バットの A 点のまわりと，重心を通る軸のまわりの慣性モーメントはいくらか．

〔解〕 式 (10・19) と (10・20) により，回転半径はそれぞれ

$$k_A = \frac{1.4}{2\pi}\sqrt{981 \times (85 - 16 - 33)} = 41.9 \text{ cm}$$

$$k_G = \sqrt{42^2 - (85 - 16 - 33)^2} = 21.6 \text{ cm}$$

したがって，慣性モーメントは

$$I_A = 0.95 \times 0.419^2 = 0.167 \text{ kg·m}^2$$
$$I_G = 0.95 \times 0.216^2 = 0.044 \text{ kg·m}^2$$

となる．

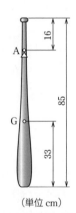

図 10・7 金属製バット

4. ねじれ振子

図 10・8 に示す弾性軸に取りつけられた円板をねじって放すと，軸がもとに戻ろうとする弾性のモーメントによっ

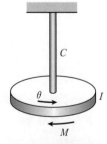

図 10・8 円板のねじれ振動

てねじれ振動をする．この復原モーメント M は，軸のねじれ角 θ に比例し，θ と逆の方向を向いているので，$M = -C\theta$（C は軸のねじればね定数）と書ける．したがって，円板の中心軸のまわりの慣性モーメントを I とすれば，回転運動の方程式

$$I\alpha = -C\theta \tag{10・21}$$

が成り立ち，振動の周期は

$$T = 2\pi\sqrt{\frac{I}{C}} \tag{10・22}$$

となる．この場合も，軸のねじれ剛性と，振動の周期を測定することによって，物体の慣性モーメントを求めることができる．

〔**例題 10・4**〕 **機械の慣性モーメント**　ピアノ線の先端に機械の部品を吊り下げてねじったら，5.5 秒の周期で振動した．このピアノ線を 30° ねじるのに 0.40 N·m のモーメントが必要とすれば，部品の慣性モーメントはいくらか．

〔**解**〕　30° は $\pi/6$ rad なので，ピアノ線のねじれのばね定数は

$$C = \frac{0.40}{\pi/6} = 0.76 \text{ N·m}$$

式 (**10・22**) によって，この部品の慣性モーメントはつぎのようになる．

$$I = \left(\frac{T}{2\pi}\right)^2 C = \left(\frac{5.5}{2\pi}\right)^2 \times 0.76 = 0.58 \text{ kg·m}^2$$

5. ばね振子

図 **10・9** のように，ばね k で吊られた質量 m の物体の振動を考えてみよう．静かに物体を吊り下げるときは，物体に働く重力 mg とばねの復原力はつりあって，静止の状態を保つ．この位置を O 点とし，このときのばねの伸びを s とすれば，ばねの復原力は ks（k はばね定数）で

$$ks = mg \tag{10・23}$$

となる．物体がこの位置よりさらに x だけ下方に運動するときは，$mg - k(s+x) = -kx$ の x とは逆向きの力が働く．物体が上方に運動するときも，x に比例した逆向きの力が働き，その結果

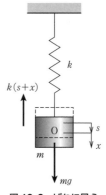

図 **10・9**　ばねに吊られた物体

$$ma = -kx \tag{10.24}$$

あるいは

$$\frac{d^2x}{dt^2} + \frac{k}{m}x = 0 \tag{10.25}$$

の関係が成り立つ．こうして，物体は周期

$$T = 2\pi\sqrt{\frac{m}{k}} \tag{10.26}$$

振動数

$$f = \frac{1}{2\pi}\sqrt{\frac{k}{m}} \tag{10.27}$$

の単振動をする．式(**10.23**)の関係を用いると，振動数は

$$f = \frac{1}{2\pi}\sqrt{\frac{g}{s}} \tag{10.28}$$

で与えられ，物体の質量やばね定数がわからなくても，静たわみ s の値が測定できれば，これよりただちに振動数が求められる．

以上の関係は，物体を弾性のある支持物で支えても同じである．ばねや防振ゴムで支持された機械，はりや床の上の物体，タイヤで走る自動車など，多くの機械や構造物に起こる振動はおよそこの種類のものである．

質量とばね定数で決まる振動数は，機械や構造物の振動特性を調べるためにとくに重要で，これを**固有振動数**（natural frequency）という．

〔**例題 10.5**〕 **機械の固有振動数** 機械がいくつかの防振ゴムで，かたい基礎の上に支持されている．機械に働く重力のために，防振ゴムが一様に 5 mm だけ縮んでいるとすれば，この機械の固有振動数はいくらか．

〔**解**〕 式(**10.28**)によって

$$f = \frac{1}{2\pi}\sqrt{\frac{981}{0.5}} = 7.05\,\text{Hz}$$

である．

10・3 減衰振動

　実際の機械や構造物に起こる振動は，外部から力が働かないかぎり，時間が経つにつれて小さくなりやがて消滅する．これは機械や構造物に摩擦や抵抗があるためで，これによる力を**減衰力**（damping force）という．機械のなかには，振動や衝撃を緩和するためのダンパとして，逆に減衰力を積極的に利用しているものがある．

　減衰力にはいろいろな種類があるが，ここでは，運動の速度 dx/dt に比例する抵抗が働く場合を考えてみよう．物体の質量を m，これを支えるばねの定数を k，速度に対する減衰力の比例定数（減衰係数）を c とすれば，運動の法則により

$$m\frac{d^2x}{dt^2} = -kx - c\frac{dx}{dt} \tag{10・29}$$

あるいは，これを書きなおして

$$m\frac{d^2x}{dt^2} + c\frac{dx}{dt} + kx = 0 \tag{10・30}$$

が成り立つ．この式の解はつぎのようにして求められる．$x = Ce^{\lambda t}$ とおいて，式(10・30)に代入すれば

$$C(m\lambda^2 + c\lambda + k)e^{\lambda t} = 0$$

となるが，$e^{\lambda t}$ は常に0とはならないから，$C \neq 0$ であるためには

$$m\lambda^2 + c\lambda + k = 0 \tag{10・31}$$

でなければならない．この式の根は

$$\lambda = -\frac{c}{2m} \pm \frac{1}{2m}\sqrt{c^2 - 4mk} \tag{10・32}$$

で，$c^2 \gtreqless 4mk$（$c \gtreqless 2\sqrt{mk}$）によって，三つの異なった性質をもっている．

　（1）　$c > 2\sqrt{mk}$ の場合

　λ は相異なる負の実根 $\lambda_1 = -\alpha_1$，$\lambda_2 = -\alpha_2$（$\alpha_1, \alpha_2 > 0$）をもつ．したがって，式(10・30)の一般解は

$$x = C_1 e^{-\alpha_1 t} + C_2 e^{-\alpha_2 t} \tag{10・33}$$

と書ける．C_1 と C_2 は任意の積分定数で，初期条件（初期変位と初速度）によって決められる．いま

$$t = 0 で x = x_0, \quad \frac{dx}{dt} = 0 \tag{10・34}$$

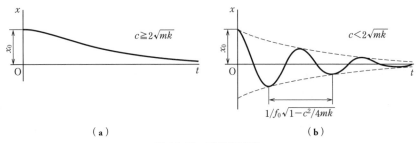

図 10·10　減衰系の運動

とすれば
$$x_0 = C_1 + C_2, \quad 0 = -\alpha_1 C_1 - \alpha_2 C_2$$
で，これより，C_1 と C_2 を求めて，式(10·33)に代入すると
$$x = \frac{x_0}{\alpha_2 - \alpha_1}(\alpha_2 e^{-\alpha_1 t} - \alpha_1 e^{-\alpha_2 t}) \tag{10·35}$$
となる．この場合の運動は，図 10·10(a)のような減衰運動となる．

（2）　$c = 2\sqrt{mk}$ の場合

式(10·31)の根は重根 $\lambda = -c/2m$ で，これを $-\alpha$ とおけば，式(10·30)の一般解は
$$x = e^{-\alpha t}(C_1 + C_2 t) \tag{10·36}$$
となる．再び初期条件(10·34)によって C_1 と C_2 を計算すれば
$$x = x_0 e^{-\alpha t}(1 + \alpha t) \tag{10·37}$$
で，この場合も，図 10·10(a)とよく似た減衰運動をする．

（3）　$c < 2\sqrt{mk}$ の場合

式(10·32)で与えられる根は一組の共役な複素根となる．これを $\lambda_1 = -\alpha + j\beta$，$\lambda_2 = -\alpha - j\beta$ とおけば，式(10·30)の一般解は
$$\begin{aligned}
x &= e^{-\alpha t}(C_1 e^{j\beta t} + C_2 e^{-j\beta t}) \\
&= e^{-\alpha t}[C_1(\cos \beta t + j\sin \beta t) + C_2(\cos \beta t - j\sin \beta t)] \\
&= e^{-\alpha t}(C \cos \beta t + D \sin \beta t) \\
&\quad [C = C_1 + C_2, \ D = j(C_1 - C_2)]
\end{aligned} \tag{10·38}$$
初期条件(10·34)によって，積分定数を決定すれば，$C = x_0$，$D = (\alpha/\beta)x_0$ で
$$x = x_0 e^{-\alpha t}\left(\cos \beta t + \frac{\alpha}{\beta}\sin \beta t\right) \tag{10·39}$$
となる．この場合は，振幅が図 10·10(b)に示す指数関数的に減少する減衰振動と

なる．ここで
$$\beta = \frac{1}{2m}\sqrt{4mk-c^2} = \sqrt{\frac{k}{m}}\sqrt{1-\frac{c^2}{4mk}}$$
したがって
$$f = \frac{\beta}{2\pi} = f_0\sqrt{1-\frac{c^2}{4mk}} \quad \left(f_0 = \frac{1}{2\pi}\sqrt{\frac{k}{m}}\right) \tag{10・40}$$
は減衰振動の振動数に当たり，減衰のない振動系の固有振動数 f_0 に比べて，いくらか小さいことがわかる．

10・4 　強制振動

1. 強制振動

以上のように，振動の振幅は減衰作用のためだんだん小さくなってゆくが，外部から持続的な周期力が働くときは，一定の振動が継続する．図 10・11 に示す振動系に働く周期力を $F\sin\omega t$ とすれば，運動方程式は
$$m\frac{d^2x}{dt^2} + c\frac{dx}{dt} + kx = F\sin\omega t \tag{10・41}$$
で与えられる．この式の一般解は，右辺をゼロとする上記の解と，力による特解の和で与えられるが，時間が経つにつれて，前者はやがて減衰して消滅し，後者による定常解だけが残る．いま，この解を
$$x = A^*\sin\omega t + B^*\cos\omega t$$
と書き，式 (10・41) に入れて整理すると
$$[(k-m\omega^2)A^* - c\omega B^*]\sin\omega t + [c\omega A^* + (k-m\omega^2)B^*]\cos\omega t$$
$$= F\sin\omega t$$
となる．この式が常に成り立つためには，両辺の $\sin\omega t$ と $\cos\omega t$ の係数が互いに等しくならなければならない．すなわち
$$(k-m\omega^2)A^* - c\omega B^* = F, \quad c\omega A^* + (k-m\omega^2)B^* = 0$$
で，この式から A^*, B^* を解いて
$$x = \frac{F}{(k-m\omega^2)^2 + (c\omega)^2}[(k-m\omega^2)\sin\omega t - c\omega\cos\omega t]$$
$$= A\sin(\omega t - \varphi) \tag{10・42}$$

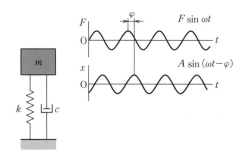

図 10・11 加振力と機械の応答

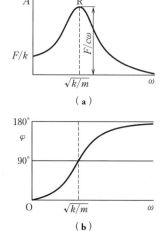

図 10・12 応答振幅と位相遅れ

が得られる．ここで

$$A = \frac{F}{\sqrt{(k-m\omega^2)^2+(c\omega)^2}},$$

$$\varphi = \tan^{-1}\frac{c\omega}{k-m\omega^2} \qquad (10\cdot 43)$$

である．このことから，図 **10・11** のように，機械はこれに働く加振力の振動数 ω に等しい振動数をもち，力の大きさ F に比例する振幅で振動するが，力に比べてその応答は角度 φ（振動の位相）だけ遅れていることがわかる．

図 **10・12**(**a**) は振動数と振幅との関係，図(**b**) は位相の遅れを示す．加振振動数 ω が小さいときは，$A \fallingdotseq F/k$ で，応答の振幅はおよそ静的な力によるたわみに等しいが，振動数が大きくなるにつれて振幅はだんだん大きくなり，機械の固有振動数 $\omega = \sqrt{k/m}$ に達すると，最大値に近い

$$A = \frac{F}{c\omega} \qquad (10\cdot 44)$$

となる．減衰が小さい振動系では，それだけ振幅が大きく，減衰がまったくない ($c=0$) 振動系では無限大となる．この現象を**共振**（resonance）という．力の振動数がこれよりさらに増加すると，逆に振幅は小さくなってゆく．

〔**例題 10・6**〕　**機械の共振**　ばね定数 50 kN/m のばねで支えられた 80 kg の機械の共振振動数はいくらか．この機械に，大きさ 20 N の正弦力が作用したときの共振振幅を測ったら，1.8 mm であった．この系の減衰係数はいくらか．

〔**解**〕　共振振動数は，この機械の固有振動数に等しいから

$$f = \frac{1}{2\pi}\sqrt{\frac{50\times 10^3}{80}} = 3.98\,\text{Hz}$$

減衰係数は式(**10·44**)を逆に解いて

$$c = \frac{F}{A\omega} = \frac{20}{1.8\times 10^{-3}\times(2\pi\times 3.98)} = 444.5\,\text{N}/(\text{m/s})$$

となる．

2. 振動の絶縁

　力を発生する機械や振動する機械を，直接基礎に据えつけたり，構造物にかたく取りつけると，機械に働く力がそのまま支持物に伝えられて，周囲に好ましくない影響を与える．また，これとは逆に，精密な装置や機器が周囲の振動によって悪い影響を受けたり，自動車や鉄道車両のように，路面の凹凸による振動のために乗心地が悪くなるものもある．いずれの場合でも，この伝達される力や振動を極力小さくする必要があり，そのために，機械の支持法にいろいろと工夫がこらされている．

　図 **10·13**(a)のように，ばね k とダンパ c に支えられた機械に $F\sin\omega t$ の周期力が作用すると，機械には式(**10·42**)で与えられる変位が生じる．その結果，基礎や支持物にはばねを通して kx，ダンパを通して $c(dx/dt)$ の力が伝えられる．この力を F' とすれば

$$F' = kx + c\frac{dx}{dt}$$

$$= \frac{F}{\sqrt{(k-m\omega^2)^2 + (c\omega)^2}}[k\sin(\omega t-\varphi) + c\omega\cos(\omega t-\varphi)] \quad (\mathbf{10\cdot 45})$$

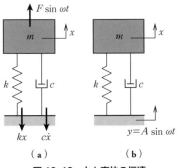

図 **10·13**　力と変位の伝達

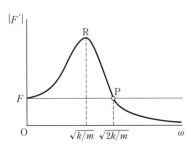

図 **10·14**　伝達力の大きさ

で，力の大きさだけを問題にすれば

$$|F'| = F\sqrt{\frac{k^2+(c\omega)^2}{(k-m\omega^2)^2+(c\omega)^2}} \quad (10 \cdot 46)$$

となる．振動数 ω と伝達力 F' の大きさの関係を図 **10·14** に示す．ダンパの定数 c の値に関係なく，$\omega<\sqrt{2k/m}$ のとき $|F'|>F$，$\omega>\sqrt{2k/m}$ になると $|F'|<F$ で，はじめて伝達力が加振力より小さくなる．

つぎに，図 **10·13(b)** のように，基礎が $y=A\sin\omega t$ で振動する場合を考えてみよう．このときの機械の変位を x とすれば，ばねとダンパの変位は機械と基礎との間の相対変位 $x-y$ に等しいから，この場合の運動方程式は

$$m\frac{d^2x}{dt^2} = -c\left(\frac{dx}{dt}-\frac{dy}{dt}\right)-k(x-y)$$

となる．これを書きなおすと

$$m\frac{d^2x}{dt^2}+c\frac{dx}{dt}+kx = ky+c\frac{dy}{dt} \quad (10 \cdot 47)$$

で，基礎の変位が，ばねとダンパを通して機械に加振力として働くことになる．変位が $y=A\sin\omega t$ のとき，式(**10·47**)は

$$m\frac{d^2x}{dt^2}+c\frac{dx}{dt}+kx = A(k\sin\omega t+c\omega\cos\omega t)$$
$$= A\sqrt{k^2+(c\omega)^2}\sin(\omega t+\alpha)$$

で，機械の振幅は

$$A' = A\sqrt{\frac{k^2+(c\omega)^2}{(k-m\omega^2)^2+(c\omega)^2}} \quad (10 \cdot 48)$$

となる．この関係は，式(**10·46**)の力の関係とまったく同一で，伝達力を小さくする振動絶縁材料は，伝達変位をも小さくするよい材料であるといえる．

〔**例題 10·7**〕 **振動絶縁ばねの剛性** ばね k で支えられた質量 m の機械に，加振力 $F\sin\omega t$ が働くとき，ばねによって床に伝えられる力を加振力の $1/n$（<1）以下にするためには，ばね定数をいくらにすればよいか．

〔**解**〕 減衰を省略すれば，式(**10·46**)より

$$|F'| = F\frac{k}{|k-m\omega^2|} < \frac{1}{n}F \qquad (\text{a})$$

となる．伝達力が加振力より小さくなるのは $\omega = \sqrt{2k/m}$，あるいは $m\omega^2 > 2k$ のときであるから，これを考慮して式（a）から k を解いて

$$k < \frac{m\omega^2}{1+n} \qquad (\text{b})$$

で，やわらかいばねを使う必要がある．

演習問題

10·1 振幅 5 mm，振動数 8 Hz で振動する物体の最大速度と最大加速度はいくらか．

10·2 図 10·15 のように，偏心軸 O を中心として等速回転する円板に接触して運動する弁は，上下方向に単振動することを示せ．

10·3 質量 m の物体を，図 10·16（a）のように，ばね定数 k の 2 個の並列ばねで吊ったときの固有振動数はいくらか．また，図（b）のように，2 個の直列ばねで吊ったときはどうか．

10·4 図 10·17 のように，質量 m，長さ l の棒の一端 O が回転支持され，中央がばね定数 k のばねで 45° の方向から支えられている．この棒の固有振動数はいくらか．

10·5 固有振動数 5.0 Hz の機械に 5 kg の物体を取りつけたら，固有振動数が 4.5 Hz になった．この機械の可動部の質量と，これを支えるばね定数はいくらか．

10·6 図 3·25 に示した船の質量が m，重心まわりの慣性モーメントが I で，メタセンタが重心の位置より h だけ上にあるとき，ローリングの固

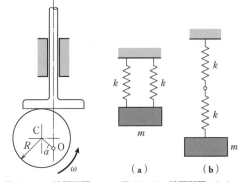

図 10·15 演習問題 10·2　　図 10·16 演習問題 10·3

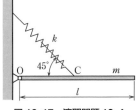

図 10·17 演習問題 10·4

有振動数はいくらか．

10·7 図 10·18 のように，一端が回転支持され，他端に質量 m を有する軽い剛体棒の A 点がばね k で支えられたときの棒の回転運動の方程式を導き，これより固有振動数を求めよ．さらに，A 点にダンパ c が取りつけられたときはどうなるか．

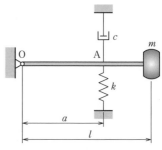

図 10·18　演習問題 10·7

10·8 1 m/s の速度に対して 5 kN の抵抗をもつオイルダンパのシリンダを固定し，質量 1.4 kg のピストンに振幅 12 mm，毎分 90 サイクルの振動を与えるためには，いくらの加振力が必要か．

10·9 図 10·19 は凹凸のある道路を走る自動車の簡単な力学モデルである．道路の凹凸が正弦関数

$$y = A \sin\left(\frac{2\pi x}{\lambda}\right) \quad (\lambda は波長)$$

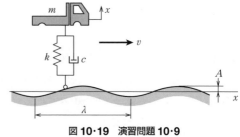

図 10·19　演習問題 10·9

で与えられるとして，自動車の上下振動の式を導け．自動車の振幅が大きくなるのは，いくらの速度のときか．

10·10 ばねで支持された 80 kg の機械に，大きさ 60 N，振動数 12 Hz の周期力が働く．この力の半分以上を外部に伝えないためには，機械の固有振動数をいくらにしなければならないか．このときのばね定数はいくらか．

11
立体的な力のつりあい

一つの平面上にない立体的な力についても，1，2章で述べた一つの平面内の力と同様に，図式解法あるいはベクトル計算によって取り扱うことができるが，これにはやや考えにくい点もあり，むしろ解析的に計算したほうがわかりやすい．

11·1　力の合成と分解

1.　一点に働く力

まず，図 11·1 に示す力 F を，着力点 O を原点とする直交座標系 O-xyz の各軸の方向の成分に分解してみよう．F と x, y, z 軸との間の角をそれぞれ α, β, γ とすれば，各軸方向の成分は，これらの軸に対する力の正射影

$$\left.\begin{array}{l} F_x = F \cos \alpha \\ F_y = F \cos \beta \\ F_z = F \cos \gamma \end{array}\right\} \quad (11 \cdot 1)$$

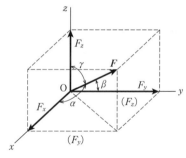

図 11·1　立体的な力の合成と分解

で与えられる．これが平面の場合の式 (1·3) に当たる．

これとは逆に，力の三つの直交成分が与えられているときは，ピタゴラスの平方和の定理によってその大きさは

$$F = \sqrt{F_x^2 + F_y^2 + F_z^2} \quad (11 \cdot 2)$$

方向は

$$\cos\alpha = \frac{F_x}{F}, \quad \cos\beta = \frac{F_y}{F}, \quad \cos\gamma = \frac{F_z}{F} \tag{11・3}$$

で与えられる．

式(11・1)を式(11・2)に代入して，平方すれば
$$\cos^2\alpha + \cos^2\beta + \cos^2\gamma = 1 \tag{11・4}$$
で，この式は方向余弦の性質をあらわす．

一点に働く多くの力 F_i を合成するには，1・4節で説明したように，各力の直交成分の和を求め，式(11・2)により合成すればよい．すなわち，合力の大きさは
$$R = \sqrt{(\sum F_{i,x})^2 + (\sum F_{i,y})^2 + (\sum F_{i,z})^2} \tag{11・5}$$
で，その方向は
$$\cos\alpha = \frac{1}{R}\sum F_{i,x}, \quad \cos\beta = \frac{1}{R}\sum F_{i,y}, \quad \cos\gamma = \frac{1}{R}\sum F_{i,z} \tag{11・6}$$
から決定される．

〔例題 11・1〕 **互いに垂直な三つの力** 互いに垂直な，大きさ 100 N, 200 N, 300 N の三つの合力を求めよ．

〔解〕 式(11・2)により，合力の大きさは
$$F = \sqrt{100^2 + 200^2 + 300^2} = 374.2\,\text{N}$$
また，式(11・3)により，合力とおのおのの力との間の角度は
$$\alpha = \cos^{-1}\frac{100}{374.2} = 74°30', \quad \beta = \cos^{-1}\frac{200}{374.2} = 57°41',$$
$$\gamma = \cos^{-1}\frac{300}{374.2} = 36°42'$$
となる．

2. 剛体に働く力

2・2節で説明したように，図 11・2 に示す点 P (x, y, z) に働く力 F による z 軸まわりのモーメントは，x, y 方向の分力を用いて
$$M_z = F_y x - F_x y \tag{11・7}$$
で与えられる．これと同様にして，x, y 軸ま

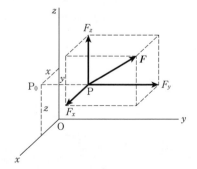

図 11・2 力によるモーメント

わりのモーメントはそれぞれ

$$M_x = F_z y - F_y z,$$
$$M_y = F_x z - F_z x \qquad (11\cdot 8)$$

となる.

剛体のいくつかの点 P_i に力 F_i が働くとき，この物体には，式(11·5), (11·6)で与えられる合力のほか，各軸まわりにこれらの合モーメントが働く．とくに，図11·3のように，いくつかの点 P_i (x_i, y_i) に z 軸に平行な力 F_i が働くときは，合力の大きさは

$$R = \sum F_i \qquad (11\cdot 9)$$

で，x, y 軸まわりに

$$M_x = \sum F_i y_i, \quad M_y = -\sum F_i x_i$$
$$(11\cdot 10)$$

のモーメントを生じる．

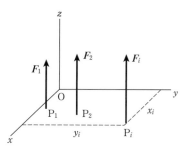

図11·3 平行な力によるモーメント

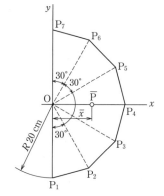

図11·4 七角形の頂点に働く平行力

〔**例題 11·2**〕 図 11·4 に示す七角形の各頂点に，大きさ 80 N の平行な力がこれと垂直に働くときの合力を求めよ．

〔**解**〕 合力の大きさは $R = 80 \times 7 = 560$ N で，その着力点 $\overline{P}$ は七角形の対称軸の上にある．図のように座標軸をとり，$\overline{P}$ 点の座標を $\overline{x}$ とすれば，y 軸まわりのモーメントは

$$M_y = 80 \times (20 + 2 \times 20 \cos 30° + 2 \times 20 \cos 60°) = 560 \overline{x}$$

で，これより

$$\overline{x} = \frac{1}{7} \times 20 \times (1 + 2\cos 30° + 2\cos 60°) = 10.7 \text{ cm}$$

となる．

〔**例題 11·3**〕 **曲がったパイプに働く力** 図 11·5 に示す 2 か所で直角に曲がったパイプの先端 P を，300 N の力で Q 点の方向へ引っ張ると，パイプの基部にはいくらのモーメントが働くか．

〔解〕 図のように直交座標系をとれば，P 点の座標は (20, 8, 25) cm, Q 点の座標は (0, 15, 0) cm で，線分 PQ の長さは

$$\overline{PQ} = \sqrt{(-20)^2 + (15-8)^2 + (-25)^2}$$
$$= 32.8 \text{ cm}$$

したがって，線分 PQ の方向余弦は

$$(\cos\alpha, \cos\beta, \cos\gamma)$$
$$= \frac{1}{32.8}(-20, 7, -25)$$
$$= (-0.61, 0.21, -0.76)$$

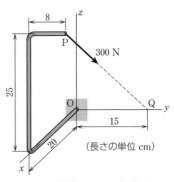

図 11·5 曲がったパイプに働く力

で，P 点に働く力の直交成分は

$$(F_x, F_y, F_z) = 300 \times (-0.61, 0.21, -0.76)$$
$$= (-183, 63, -228) \text{ N}$$

となる．式(11·7)と(11·8)により，O 点に働く各軸まわりのモーメントは

$$M_x = -228 \times 0.08 - 63 \times 0.25 = -34.0 \text{ N·m}$$
$$M_y = -183 \times 0.25 - (-228) \times 0.20 = -0.15 \text{ N·m}$$
$$M_z = 63 \times 0.20 - (-183) \times 0.08 = 27.2 \text{ N·m}$$

x 軸まわりのモーメントはパイプの基部に働くねじりモーメントで，z 軸まわりのモーメントは曲げモーメントである．y 軸上の点から引っ張っているので，y 軸まわりにモーメントはほとんど働かない．

11·2 力のつりあい

物体の一点にいくつかの力が働いて，これらがつりあうためには，その合力がゼロ，したがって

$$\sum F_{i,x} = 0, \quad \sum F_{i,y} = 0, \quad \sum F_{i,z} = 0 \tag{11·11}$$

でなければならない．また，剛体の各点に働く力がつりあうためには，式(11·11)のほかに，各軸まわりのモーメントがゼロとなる必要があり，式(11·7)と(11·8)によって

$$\left.\begin{array}{l}\sum(F_{i,z}y_i - F_{i,y}z_i) = 0 \\ \sum(F_{i,x}z_i - F_{i,z}x_i) = 0 \\ \sum(F_{i,y}x_i - F_{i,x}y_i) = 0\end{array}\right\} \qquad (11\cdot 12)$$

でなければならない．

〔**例題 11・4**〕 **水平力を支える支柱とロープ** 図 11・6(a) に示す大きさ 3 kN の水平力を支える支柱とロープに働く力を求めよ．

〔解〕 おのおののロープに働く張力を T_1, T_2 とし，支柱に働く（圧縮）力を F とすれば，図(b)に示す支柱に垂直な水平面内の力のつりあいより

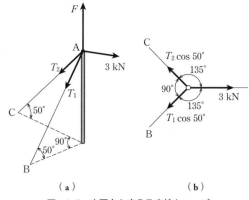

図 11・6 水平力を支える支柱とロープ

$$\frac{T_1 \cos 50°}{\sin 135°} = \frac{T_2 \cos 50°}{\sin 135°} = \frac{3}{\sin 90°}$$

したがって，2 本のロープに働く張力は等しくて

$$T_1 = T_2 = \frac{3 \sin 45°}{\cos 50°} = 3.30 \text{ kN}$$

また，支柱の方向の力のつりあいより

$$T_1 \sin 50° + T_2 \sin 50° - F = 0$$

で，支柱には大きさ

$$F = 2 \times 3.3 \sin 50° = 5.05 \text{ kN}$$

の圧縮力が働く．

〔**例題 11・5**〕 **巻上機に働く力** 図 11・7 に示す巻上機で 100 kg の物体を吊り上げる．このとき，ロープに働く張力と，軸受 A, B に働く力はいくらか．

〔解〕 図のように，軸受 A を原点とする直交座標系 A-xyz をとれば，巻上機の軸の方向には力が働いていないから，すべての力は xz 面に平行である．軸受 A, B における反力を R_A, R_B，これらの x, z 軸方向の成分をそれぞれ (X_A, Z_A)，

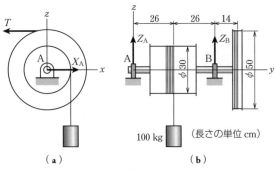

図 11・7 巻上機に働く力

(X_B, Z_B) とし，ロープに働く張力を T とすれば，まず力のつりあいから

$$X_A + X_B = T, \quad Z_A + Z_B = 100 \times 9.81$$

各軸まわりのモーメントのつりあいから

$$Z_B \times (26 + 26) = 981 \times 26$$

$$X_B \times (26 + 26) = T \times (26 + 26 + 14)$$

$$T \times \frac{50}{2} = 981 \times \frac{30}{2}$$

が得られる．これらの式を解いて

$$X_A = -160 \text{ N}, \quad Z_A = 490 \text{ N}$$

$$X_B = 750 \text{ N}, \quad Z_B = 490 \text{ N}$$

$$T = 590 \text{ N}$$

で，各軸受に働く反力はつぎのようになる．

$$R_A = \sqrt{(-160)^2 + 490^2} = 515.5 \text{ N}$$

$$R_B = \sqrt{750^2 + 490^2} = 895.9 \text{ N}$$

11・3　回転体（ロータ）のつりあい

　ジャーナルが軸受で支えられて回転する物体を**ロータ**（rotor）という．ロータの重心が回転軸の中心線上にないときは，回転による遠心力が発生し，これが支持体に伝わって，軸受の摩耗，機械の振動や騒音の原因となるなど，機械やその周辺

の構造物に悪い影響をおよぼす．

　重心が軸の中心から偏心するのは材料の不均一さ，加工と組立て誤差や軸の変形などによるが，機械が精密で，高速になるほど，このわずかの偏心も問題となるので，その製造工程でこれを正しく検出して除いておく必要がある．

1. 静つりあい

　図 11·8 のように，角速度 ω で回転する薄いロータの微小部分の質量を dm，回転軸の中心線からの距離を r とすれば，この部分に働く遠心力の大きさは $dm \cdot r\omega^2$ で，軸に直角で，軸から放射状に働く．このロータ上に，軸の中心 O を原点とする直交座標系 O-xy をとり，この微小部分の座標を (x, y)，遠心力と x 軸との間の角度を θ とすれば，ロータに働く全遠心力の x, y 成分は

$$F_x = \int dm \cdot r\omega^2 \cos\theta = \omega^2 \int x\,dm$$

$$F_y = \int dm \cdot r\omega^2 \sin\theta = \omega^2 \int y\,dm$$

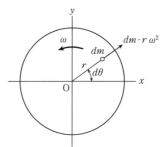

図 11·8　ロータに働く遠心力

ロータの全質量を M とし，重心の座標を (x_G, y_G)，軸の中心からの偏心量を r_G とすれば，式 (3·5) により

$$F_x = M x_G \omega^2, \quad F_y = M y_G \omega^2 \tag{11·13}$$

で，遠心力の大きさは

$$F = \sqrt{(M x_G \omega^2)^2 + (M y_G \omega^2)^2} = M r_G \omega^2 \tag{11·14}$$

x 軸との間の角度は

$$\theta = \tan^{-1}\left(\frac{M y_G \omega^2}{M x_G \omega^2}\right) = \tan^{-1}\left(\frac{y_G}{x_G}\right) \tag{11·15}$$

となる．こうして，ロータ全体には，その全質量が重心に集中したと考えたときの遠心力に等しい力が働くこととなる．

　この遠心力の影響を取り除くためには，これと反対側に $M'r'\omega^2 = M r_G \omega^2$，あるいは回転速度 ω に関係なく

$$M'r' = M r_G \tag{11·16}$$

となる質量 M' を取りつければよい．$M r_G$ をロータの**不つりあい**（unbalance）ま

たは**静不つりあい**（static unbalance）といい，この不つりあいを取り除いて，ロータの重心を回転の中心線上に正しく一致させる作業を**つりあわせ**（balancing）という．

〔**例題 11·6**〕 **静つりあわせ** 質量 30 kg の Y 形ロータの重心が，図 **11·9** のように，回転軸の中心から 0.1 mm だけ偏心している．ロータが 3600 rpm で回転するとき生じる遠心力の大きさはいくらか．図の A，B 点に適当な質量を取りつけて，このロータをつりあわせるためには，どれだけの質量が必要か．

〔**解**〕 重心の偏心量がわずか 0.1 mm であるのに，遠心力は

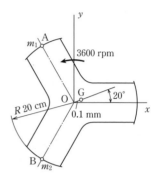

図 **11·9** Y 形ロータのつりあわせ

$$Mr_G\omega^2 = 30 \times 0.1 \times 10^{-3} \times \left(\frac{\pi}{30} \times 3600\right)^2 = 425.9 \text{ N}$$

とかなり大きい．A，B 点に取りつけるべき質量をそれぞれ m_1，m_2 とすれば，x，y 軸方向の力のつりあいより

$$m_1 \times 0.20 \cos 60° + m_2 \times 0.20 \cos 60° = 30 \times 10^3 \times 0.1 \times 10^{-3} \cos 20°$$
$$m_2 \times 0.20 \sin 60° = m_1 \times 0.20 \sin 60° + 30 \times 10^3 \times 0.1 \times 10^{-3} \sin 20°$$

この二つの式を簡単にすれば

$$m_1 + m_2 = \frac{30 \times 0.1}{0.20} \frac{\cos 20°}{\cos 60°} = 28.2 \text{ g}$$

$$-m_1 + m_2 = \frac{30 \times 0.1}{0.20} \frac{\sin 20°}{\sin 60°} = 5.9 \text{ g}$$

で，これからただちに必要な修正質量の大きさがつぎのように求められる．

$$m_1 = 11.15 \text{ g}, \quad m_2 = 17.05 \text{ g}$$

2. 動つりあい

タイヤやはずみ車のように軸方向の長さが短いロータでは，静不つりあいだけを除けば十分であるが，多段タービンのように多くのロータで構成される回転機械や，駆動軸のような長いロータでは，これだけでは不十分で，モーメントも同時につりあわせなければならない．

いま，図 11·10 のように，それぞれ $M_1 r_1$ および $M_2 r_2$ の不つりあいをもつ 2 個のロータが，距離 d を隔てて回転軸の上にある場合を考えてみよう．この場合

$$M_1 r_1 - M_2 r_2 = 0 \qquad (11 \cdot 17)$$

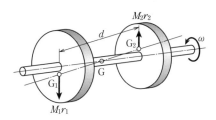

図 11·10 動不つりあい

であれば，全体の重心は軸の中心線上にあって，静つりあいの状態にあるにもかかわらず，ロータの回転によって大きさ $Mr\omega^2 d$ （$Mr = M_1 r_1 = M_2 r_2$）の遠心力によるモーメントを生じる．このように，軸方向に離れた位置に存在する，大きさが等しく，向きが反対の一対の不つりあいを偶不つりあいという．これをつりあわせるためには

$$M' r' d = Mrd \qquad (11 \cdot 18)$$

になるように，さらに必要な質量を付加して，モーメントを打ち消さなければならない．偶不つりあいをも考慮に入れた不つりあいを**動不つりあい**（dynamic unbalance）という．

〔**例題 11·7**〕 **動つりあわせ** 図 11·11 に示す円板 B，C にある動不つりあいを，円板 A，D の円周上に質量を取りつけて修正したい．その大きさと角度を求めよ．

〔**解**〕 円板 A，D に取りつける修正質量の大きさをそれぞれ m_1, m_2 とし，角度を θ_1, θ_2 とすれば，直角な 2 方向の力のつりあい

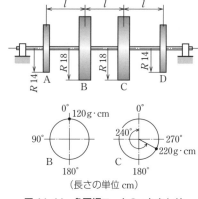

図 11·11 多円板ロータのつりあわせ

$$m_1 \times 14 \cos\theta_1 + m_2 \times 14 \cos\theta_2 + 120 \cos 0° + 220 \cos 240° = 0 \qquad (\mathbf{a})$$

$$m_1 \times 14 \sin\theta_1 + m_2 \times 14 \sin\theta_2 + 120 \sin 0° + 220 \sin 240° = 0 \qquad (\mathbf{b})$$

と，円板 A の中心を通り，回転軸に垂直な軸のまわりのモーメントのつりあい

$$m_2 \times 14 \cos\theta_2 \times 3l + 120 \cos 0° \times l + 220 \cos 240° \times 2l = 0 \qquad (\mathbf{c})$$

$$m_2 \times 14 \sin\theta_2 \times 3l + 120 \sin 0° \times l + 220 \sin 240° \times 2l = 0 \qquad (\mathbf{d})$$

が満足されなければならない．まず，式（c）と（d）より

$$m_2 \cos \theta_2 = 2.38 \text{ g}, \quad m_2 \sin \theta_2 = 9.07 \text{ g}$$

で，これから

$$m_2 = \sqrt{2.38^2 + 9.07^2} = 9.38 \text{ g}$$

$$\theta_2 = \tan^{-1} \frac{9.07}{2.38} = 75°18'$$

式（a）と（b）より

$$m_1 \cos \theta_1 = -3.09 \text{ g}, \quad m_1 \sin \theta_1 = 4.54 \text{ g}$$

で，これから

$$m_1 = \sqrt{(-3.09)^2 + 4.54^2} = 5.49 \text{ g}$$

$$\theta_1 = \tan^{-1} \frac{4.54}{-3.09} = 124°14'$$

が得られる．

演習問題

11·1 図 11·12 のように，30 kg の物体を3本のひもで吊っている．おのおののひもに働く張力はいくらか．

11·2 20 kg のふたを，図 11·13 のように棒で支えている．棒と A, B 点に取りつけられたヒンジに働く力はいくらか．

11·3 図 11·14 のように，直径 1.2 m, 質量 15 kg の円形テーブルの上に 50 kg の物体を載せたとき，おのおのの脚にいくらの力が加わるか．

11·4 図 11·15 のように，半径 R, 質量 m の円板を長さ l の3本の綱で吊っている．この円板を，中心を通る鉛直線のまわりにねじって放すと，いくらの振動数で振動するか．

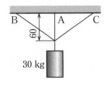

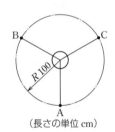

図 11·12 演習問題 11·1

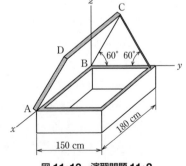

図 11·13 演習問題 11·2

（長さの単位 cm）

図 11・14　演習問題 11・3

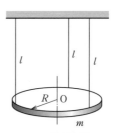

図 11・15　演習問題 11・4

11・5 図 11・16 のように，厚さが一様な円板の 2 か所に直径 10 cm の円孔があけられている．この不つりあいをとるために，中心より 20 cm のところに孔をあけたい．孔の直径とその位置をどこにとればよいか．

11・6 図 11・17 に示すロータの不つりあいを，L 面と R 面のそれぞれ r_1, r_2 の半径上に質量を取りつけて修正したい．修正質量の大きさはいくらか．

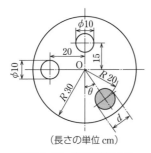

（長さの単位 cm）

図 11・16　演習問題 11・5

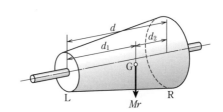

図 11・17　演習問題 11・6

演習問題の解法と解答

〔1章〕 一点に働く力

1・1 (1) $500 \times (1/1000)$ kg $\times 9.81$ m/s$^2 = 4.9$ N
(2) 250 kg $\times 9.81$ m/s$^2 = 2450$ N $= 2.45$ kN
(3) 4.8×1000 kg $\times 9.81$ m/s$^2 = 47088$ N $= 47.09$ kN

1・2 (1) 1 rad $= 180°/\pi = 57.3° = 57°18'$
(2) $1° = \pi/180 = 0.01745$ rad
(3) $90 \times (\pi/180) \times 1/100 = 0.01571$ rad

1・3 (a) $1 + 2 \times 1/\sqrt{2} = 2.414F$
(b) $1 + \sqrt{2} + 2\cos(\pi/8) = 4.262F$

1・4 水平分力 $250 \times \tan 20° = 91$ N
鉛直と $20°$ の方向の分力 $250 \times 1/\cos 20° = 266$ N

1・5 $T \cos 30° = 20 \times 9.81$ ∴ $T = 20 \times \dfrac{9.81}{\sqrt{3}/2} = 227$ N … 綱の張力
$H = T \sin 30° = 20 \times 9.81 \times \tan 30° = 113$ N … 水平力

1・6 $T = \dfrac{W}{2} \times \dfrac{1}{\sin \alpha}$ ∴ $\dfrac{T}{W} = \dfrac{1}{2 \sin \alpha}$

α	30°	25°	20°	15°	10°	5°
倍率	1.00	1.18	1.46	1.93	2.88	5.74

したがって，$2 \sin \alpha$ の逆数倍となる．たとえば

1・7 この問題の場合，拘束力 (force of restraint) の方向は斜面に直角であり，F, mg, 拘束力のベクトルの合力は 0 になるはずである．したがって

$$F = 100 \text{ kg} \times 9.81 \text{ m/s}^2 \times \tan 30° = 980 \times \dfrac{1}{\sqrt{3}} = 566 \text{ N}$$

1・8 船に働く抵抗力 $R = 800$ N $\times \cos 20° = 752$ N
船を引くための力は，岸壁からの距離を x (m) として

$$T = \dfrac{R}{\cos \theta} = R \dfrac{\sqrt{8^2 + x^2}}{x} = 752 \sqrt{1 + \left(\dfrac{8}{x}\right)^2} \text{ N}$$

〔2章〕 剛体に働く力

2·1 （a） $180 + 250 = 430$ N

$30 \times 250/430 = 1.74$ cm … A 点から

（b） $300 + 250 - 150 - 200 = 200$ N

D 点まわりの力のモーメントのつりあいから

$200 \times x = 300 \times 10 + 250 \times 50 - 200 \times 25$

これから $x = 52.5$, すなわち D 点の右 2.5 cm

2·2 斜めの二つの力の垂直成分は

$200 \times \sin 50° = 153$, $300 \times \sin 70° = 282$

同じく水平成分は

$200 \times \cos 50° = 128.6$, $300 \times \cos 70° = 102.6$

水平力の合計は 231.2 N である．

A 点まわりのモーメントが等しくなることを条件にして，垂直力の合力の着力点の A 点からの距離を求めると

$$\frac{30 \times 153 + 400 \times 50 + 282 \times 75}{250 + 400 + 153 + 282} = 42 \text{ cm}$$

垂直力の合計は上式の分母であるから，1085 N である．

水平力と垂直力の合力 $F = \sqrt{231.2^2 + 1085^2} = 1109$ N

合力の線分 AD との方向 $\theta = \tan^{-1} \dfrac{1085}{231.2} = 78°$

2·3 （a） 基部のモーメント $M = 800 \text{ N} \times 0.8 \text{ m} = 640$ N·m

（b） 45°の力が働くとき：

800 N の力を水平と垂直との二つの力に分解し，それぞれの O 点のまわりのモーメントを出し，それらの合計を求めればよい．

$$M = 800 \times \frac{1}{\sqrt{2}} \times 0.8 + 800 \times \frac{1}{\sqrt{2}} \times 1 = 1018 \text{ N·m}$$

2·4 $4F \times \dfrac{1}{2} \times \sqrt{2} \times a = 2.828 Fa$

2·5 まず，N_3, N_4 と mg がつりあうから

$N_4 = 50 \text{ kg} \times 9.81 \text{ m/s}^2 \times \cos 20° = 461$ N,

$N_3 = 50 \text{ kg} \times 9.81 \text{ m/s}^2 \times \sin 20° = 168$ N

つぎに，左側円管の中心での水平力のつりあいから

$N_3 \cos 20° + N_2 \sin 20° = N_1$

同じく垂直力のつりあいから

$N_3 \sin 20° + 50 \times 9.81 = N_2 \cos 20°$

これら二つの式から，N_2, N_1 はつぎのように解ける．

$$N_2 = \frac{50 \times 9.81 + 168 \times \sin 20°}{\cos 20°} = 583.2$$

$$N_1 = 168 \cos 20° + 583 \sin 20° = 357$$

2·6 A 点は固定であるから水平，垂直の両力を受けられるが，B 点はコロ支持なので水平力は受けられない．そこで，A 支点の水平力は

$$H_A = 150 \times \frac{1}{2} + 250 \times \frac{1}{\sqrt{2}} = 251.8 \tag{1}$$

A 点と B 点の鉛直力の合計は

$$V_A + V_B = 500 + 150 \times \frac{\sqrt{3}}{2} + 250 \times \frac{1}{\sqrt{2}} = 806.7 \tag{2}$$

すべての力の A 点まわりのモーメントのつりあいから

$$200 \times 0.2 + V_B \times 1.2 = 300 \times 0.2 + 150 \times \frac{\sqrt{3}}{2} \times 1 + 250 \times \frac{1}{\sqrt{2}} \times 1.4 \tag{3}$$

式(**3**)から，B 支点の鉛直力 $V_B = 331$ N になる．
したがって，式(**2**)から，A 支点の鉛直力 $V_A = 806.7 - 331.2 = 475.5$ N
A 点には水平力 H_A と垂直力 V_A の両方がかかるから，それらの合力である F_A は，つぎのようになる．

$$F_A = \sqrt{H_A{}^2 + V_A{}^2} = \sqrt{475.5^2 + 251.8^2} = 538 \text{ N}$$

F_A の作用線がはりとなす角度 θ は

$$\theta = \tan^{-1} \frac{475.5}{251.8} = \tan^{-1} 1.888 = 62°05'$$

2·7 図 **2·35** では明確ではないが，ロープは B 点に固定されていて，滑車が設けられているのではない．A 点は軸受付きのピン結合，C 点は滑車である．
BC 間のロープの張力を T とすると，B 点で柱に直角方向に働く力のつりあいから

$$3 \text{ t} \times 9.81 \text{ m/s}^2 \times \sin 30° = T \sin 40°$$

これから

$$T = 3 \times 9.81 \times \sin 30° / \sin 40° = 22.9 \text{ kN}$$

A 支点の反力となる柱の内力は

$$F = 3 \times 9.81 \times \cos 30° + 22.87 \times \cos 40° = 43.0 \text{ kN}$$

2·8 O 点まわりの力のモーメントのつりあいから

$$mR = m'(R+1)\cos\theta \quad \therefore \quad \theta = \cos^{-1}\left[\frac{mR}{m'(R+1)}\right]$$

2·9 P 点で W と F のモーメントが等しくなることが条件で，このとき W と F の合力が P 点を通ることになる．

$$W = F \tan\theta$$

したがって $F \geqq W/\tan\theta$ が乗り上がりの条件になる．

一方　$\tan\theta = \dfrac{R-h}{\sqrt{R^2-(R-h)^2}}$

したがって　$F \geqq \dfrac{W\sqrt{2Rh-h^2}}{R-h}$

2·10　(**a**)　この問題を解くためには，まず正確な寸法図が必要である．p.33 の図 2·38(**a**)において，寸法 a を単位にとって描いた寸法図が図解 **1** である．各部材の長さはすべて直角三角形に関するピタゴラスの定理により簡単に求められる．図中に記載の寸法がそれ

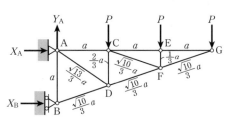

図解 **1**

である．三角形については，3辺の長さがわかれば，三つの角度が公式により求められる．あとは，節点法により7個の節点での水平，垂直の力のつりあいから，各部材の内力を求める問題になる．

結局，求められた内力図が図解 **2** である．以下，同図の各節点での力の求め方について説明する．この図でも力 P を単位にとり，その倍率で力をあらわすことにする．座標は A 点を原点にとり，水平方向を x，鉛直方向を y とする．力の単位は $P=1$，長さの単位は $a=1$ である．

まず，支点の反力を図解 **1** のように仮定する（B は移動支点で水平方向だけでよい）．トラス全体の力のつりあいから，$X_A = -X_B$，$Y_A = 3$．A 点まわりのモーメントから

$$1 \times X_B - (1+2+3) \times 1 = 0 \quad X_B = 6$$

$$\therefore \; X_A = -6 \quad \text{よって} \quad R_A = \sqrt{(-6)^2 + 3^2} = 3\sqrt{5}, \; R_B = X_B = 6$$

節点 G で　　y 方向には：$-\dfrac{F_{FG}}{\sqrt{10}} - 1 = 0 \quad \therefore \; F_{FG} = -\sqrt{10}$

　　　　　　x 方向には：$-F_{EG} - F_{FG} \times \dfrac{3}{\sqrt{10}} = 0 \quad \therefore \; F_{EG} = 3$

節点 E で　　y 方向には：$-1 - F_{EF} = 0 \quad \therefore \; F_{EF} = -1$

　　　　　　x 方向には：$F_{EG} - F_{CE} = 0 \quad \therefore \; F_{CE} = F_{EG} = 3$

節点 F で　　x 方向には：$(+F_{FG} - F_{CF} - F_{DF}) \times \dfrac{3}{\sqrt{10}} = 0$

　　　　　　$\therefore \; F_{CF} + F_{DF} = -\sqrt{10}$

　　　　　　y 方向には：$F_{EF} + F_{FG} \times \dfrac{1}{\sqrt{10}} + F_{CF} \times \dfrac{1}{\sqrt{10}} - F_{DF} \times \dfrac{1}{\sqrt{10}} = 0$

　　　　　　$\therefore \; F_{CF} = \dfrac{\sqrt{10}}{2}, \quad F_{DF} = -\dfrac{3}{2}\sqrt{10}$

節点Cで　　x方向には：$F_{CE}+F_{CF}\times\dfrac{3}{\sqrt{10}}-F_{AC}=0$　　∴　$F_{AC}=\dfrac{9}{2}$

　　　　　　y方向には：$-1-F_{CD}-F_{CF}\times\dfrac{1}{\sqrt{10}}=0$

　　　　　　∴　$F_{CD}=-\dfrac{3}{2}$

節点Dで　　x方向には：$(F_{DF}-F_{BD})\times\dfrac{3}{\sqrt{10}}-F_{AD}\times\dfrac{3}{\sqrt{13}}=0$

　　　　　　y方向には：$F_{CD}+(F_{DF}-F_{BD})\times\dfrac{1}{\sqrt{10}}+F_{AD}\times\dfrac{2}{\sqrt{13}}=0$

節点Bで　　x方向には：$F_{BD}\times\dfrac{3}{\sqrt{10}}+R_{B}=0$

　　　　　　∴　$F_{BD}=-2\sqrt{10}$

節点Aで　　x方向には：$F_{AC}+F_{AD}\times\dfrac{3}{\sqrt{13}}-6=0$　　∴　$F_{AD}=\dfrac{\sqrt{3}}{2}$

　　　　　　y方向には：$Y_{A}-F_{AB}-F_{AD}\times\dfrac{2}{\sqrt{13}}=0$　　∴　$F_{AB}=2$

成立した式の数と方程式の数は等しいから，各式を解くと，すべての部材の内力が図解2のように決定できる．

この問題は，各節点での水平・垂直2方向の力のつりあいが求まれば，あとは多元連立1次方程式を解けばよいのである．したがって，式さえ正確に出せれば，計算機により容易に答を出すことができる．

（b）　図2・38（b）によれば，左右で荷重は異なるが，構造は対称なので，左側を解けば右側では同様の式が使える．

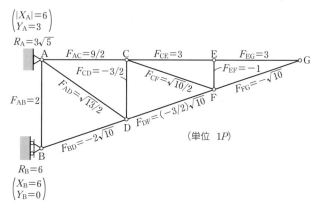

図解2

構造全体の力のつりあいから
$$Y_A + Y_B = 6 \text{ kN}$$
A点まわりのモーメントのつりあいから
$$8 \text{ m} \times Y_B - 2 \text{ m} \times 1 \text{ kN} - 4 \text{ m} \times 3 \text{ kN} - 6 \text{ m} \times 2 \text{ kN} = 0$$
$$\therefore Y_B = 26/8 = 3.25 \text{ kN}, \quad Y_A = 6 - 3.25 = 2.75 \text{ kN}$$

A点のつりあいより　$F_{AC} = -2.75 \times 2 = -5.5, \quad F_{AE} = 2.75\sqrt{3} = 4.76$
B点のつりあいより　$F_{BD} = -3.25 \times 2 = -6.5, \quad F_{BF} = 3.25\sqrt{3} = 5.63$
E点のつりあいより　$F_{EH} = F_{AE} = 4.76, \quad F_{CE} = 0$
F点のつりあいより　$F_{FH} = F_{BF} = 5.63, \quad F_{DF} = 0$
G点における力のつりあいから
$$y \text{ 方向}:(F_{CG}+F_{DG})\times\frac{1}{2}+F_{GH}=0 \quad x \text{ 方向}:F_{CG}=F_{DG}$$
H点における力のつりあいから
$$y \text{ 方向}:(F_{CH}+F_{DH})\times\frac{1}{2}+F_{GH}=0$$
$$x \text{ 方向}:(F_{DH}-F_{CH})\times\frac{\sqrt{3}}{2}+5.63-4.76=0$$
C点における力のつりあいから
$$x \text{ 方向}:(F_{CG}+F_{CH})\times\frac{\sqrt{3}}{2}=4.76$$
$$y \text{ 方向}:(F_{CG}+F_{CH}+5.5)\times\frac{1}{2}=F_{CE}$$
D点における力のつりあいから
$$x \text{ 方向}:(F_{DG}+F_{DH})\times\frac{\sqrt{3}}{2}=5.63$$
$$y \text{ 方向}:(F_{DG}+F_{DH}+6.5)\times\frac{1}{2}=F_{DF}$$

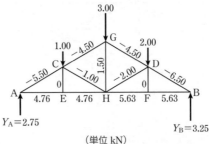

（単位 kN）

図解3

以上より
G 点では　$F_{CG} + F_{GH} = -3$
H 点では　$F_{CH} + F_{DH} + 2F_{GH} = 0$
　　　　　$-F_{CH} + F_{DH} = -1$
C 点では　$F_{CG} + F_{CH} = -5.5$
D 点では　$F_{DG} + F_{DH} = -6.5$
整理すると

$$\begin{vmatrix} F_{CG} & F_{CH} & F_{DG} & F_{DH} & F_{GH} \\ 1 & & & & 1 \\ & 1 & & 1 & 2 \\ & -1 & & 1 & \\ 1 & 1 & & & \\ & & 1 & 1 & \end{vmatrix} \begin{matrix} = -3 \\ = 0 \\ = -1 \\ = -5.5 \\ = -6.5 \end{matrix}$$

上記の行列式を解くと，各部材の内力は，つぎのように解くことができる．
　　　$F_{CG} = -4.5,\ F_{CH} = -1,\ F_{DG} = -4.5,\ F_{DH} = -2,\ F_{GH} = 1.5$
（図解 3 参照）

〔3 章〕　**重心と分布力**

3・1　（a）　$\dfrac{30 \times 120}{2 \times 60 + 70} = 18.94$ cm（対称軸上で下端から）

（b）　半円環の重心位置：

$$OG(\text{p.42 参照}) = \dfrac{2}{\rho \pi R} \int_0^\pi R \cdot \sin\theta \cdot \rho R\, d\theta = \dfrac{2}{\pi} R = 19.1$$

$$x = \dfrac{(30 + 19.1) \times \pi \times 30}{120 + \pi \times 30} = 21.6 \text{ cm} \quad \begin{pmatrix} x \text{は半円環を除く部分の重心} \\ \text{から全体の重心までの距離} \end{pmatrix}$$

すなわち，下端から $60 - 21.6 = 38.4$ cm（対称軸上）

（c）　上部コの字部分の重心は，中央水平線の中点から右辺までの 1/3 のところ，すなわち，水平線中央右側 5 cm の位置にある．一方，60 cm の直線部の重心は下端から 30 cm のところであるから，全体の重心は，二つの部分重心の間隔の下から 2/3 の位置になる．
　　すなわち，下端を座標原点として
　　　　　　　$x = 20 \times 3/5 = 12$ cm,　$y = 30 + 45 \times 3/5 = 57$ cm

3・2（a）　重心の位置を求める問題は，平行力の合力ベクトルを求める問題に等しい．図 **3・29**（a）では，40×80 の板の重力と 20×40 の板の浮力（負の重力）の合力の作用線の位置（作用点）を求めればよい．

40×80 の板の重心は，水平一点鎖線上で左端から 20 の位置にあることは明らかであるから，板の一部である 20×40 の部分がなくなれば，あったときの重心は左に移動するはずである．すなわち，求める重心位置は x' だけ左にずれることになるから

$$x' = \frac{20 \times 40 \times 10}{40 \times 80 - 20 \times 40} = 3.33 \text{ cm}$$

左端より　$x = 20 - 33.3 = 16.67$ cm（対称軸上）

〔説明〕　x' の式の第 1 項は，実際にはない 20×40 の板に働く重力の，図で左端より 20 の縦線まわりのモーメントである．一方，上式の分母の中の質量に x' を掛けたものは，逆コの字形の実在部分の重力の，上記の縦線まわりのモーメントである．もし 20×40 の板があったら物理的に $x = 0$ であるから，板が切り取られたことによる重心のずれとして説明される．

〔別解〕　図の左端の縦線を縦座標軸にとり，一点鎖線を横軸 (x) にとれば，実在の部分の縦軸まわりのモーメントのつりあいから

$$(40 \times 80 - 40 \times 20) \times x = 20 \times 80 \times \underline{10} + 2 \times 20 \times 20 \times \underline{30} = 16.67 \text{ cm}$$
$$\text{（重心距離）}\quad\text{（重心距離）}$$

として，直接左端からの距離が求められる．

(**b**)　半円の重心は **p.42** に記されている．ここではその値を使うと，半円の円弧の中心を O として

$$\text{OG} = \frac{4}{3\pi} R$$

したがって　$\text{OG} = \dfrac{160}{3\pi} = 16.98$ cm

50×40 cm の板の重心は，明らかに O 点より 25 cm だけ上方にあるから，この点を座標原点 G' にとって全物体の重心までの距離を x とすると

$$x = \frac{(\pi/2) \times 40^2 \times (25 + 16.98)}{50 \times 40 + (\pi/2) \times 40^2} = 23.38 \text{ cm}$$

したがって，全体の重心の位置は下端から，$40 + 25 - 23.38 = 41.62$ cm（対称軸上）

〔別法〕　上記の方法では，重心位置を求めるのに，板の重心 G' を通る水平線まわりの二つの物体の質量モーメントを使う方法をとったが，O 点を使う方法もある．この場合は，O 点を通る水平軸まわりの矩形（くけい）の慣性モーメントと半円形の慣性モーメントの差を出し，これを両質量の和で割ればよい．すなわち

$$\frac{40 \times 50 \times 25 - (\pi/2) \times 40^2 \times 16.98}{40 \times 50 + (\pi/2) \times 40^2} = 1.63$$

すなわち，総合重心高さは O 点より 1.62 cm だけ上方にあるから，物体の下端からは $40 + 1.62 = 41.62$ cm にある．

前記の点 G' からの全体の重心を求める方法も，上記の点 O からの重心までの間隔を求める方法も，この問題に関しては大差がないが，物体の形状によっては，難易の程

度が異なる場合のあるので，場合によって選別することが必要である．
（ｃ）薄平面板を3部分に分けて考える．下の長方形部分，大半円部分，小半円部分である．下端の水平線に対する，それぞれの部分の重心を使って質量のモーメントを求め，小半円部分だけ他の2部分の和から引けば，必要な重心が得られる．
求める重心位置を下端から x とすると

$$x = \frac{80 \times 30 \times 15 + \frac{\pi}{2} \times 40^2 \times \left(30 + \frac{4}{3\pi} \times 40\right) - \frac{\pi}{2} \times 30^2 \times \left(30 + \frac{4}{3\pi} \times 40\right) - \frac{\pi}{2} \times 30^2 \times \left(30 + \frac{4}{3\pi} \times 30\right)}{30 \times 80 + (40^2 + 30^2) \times \frac{\pi}{2}}$$

$$= \frac{2400 \times 15 + \left\{\frac{\pi}{2} \times (40^2 - 30^2) \times 30\right\} + \left\{\frac{\pi}{2} \times \frac{4}{3\pi} \times (40^3 - 30^3)\right\}}{2400 + 350\pi}$$

$$= \frac{2400 \times 15 + 350\pi \times 30 + \frac{2}{3} \times (40^3 - 30^3)}{2400 + 350\pi}$$

$$= \frac{24 \times 1.5 + 3.5\pi \times 3 + \frac{2}{3} \times 37}{2.4 + 0.35\pi} = \frac{93.653}{3.4996} = 26.76$$

すなわち，対称軸上で，下端より 26.76 cm の点が重心になる．

3・3 左端より x にあるとすると

$$x = \frac{(\pi/4) \cdot \{4^2 \times 0.5 \times 0.25 + 1^2 \times 1.5 \times 1.25 + 0.6^2 \times 4 \times 4\}}{(\pi/4) \cdot \{4^2 \times 0.5 + 1 \times 1.5 + 0.6^2 \times 4\}}$$

$$= \frac{2 + 1.875 + 5.76}{8 + 1.5 + 1.44} = \frac{9.635}{10.94} = 0.88 \text{ cm}$$

3・4 下面からの高さ $x = \dfrac{\text{底面の直径軸まわりの円筒部分のモーメント}}{\text{全質量}}$

$$= \frac{\pi Dh \times (1/2)h}{\pi Dh + (\pi/4)D^2} = \frac{(1/2)h^2}{h + (1/4)D}$$

〔参考〕 半円弧，半円板の重心について

1. 半円弧（線密度 ρ）

$$\text{OG} = 2\rho \int_0^{\pi/2} Rd\theta \times \frac{R\sin\theta}{\rho\pi R} = \frac{2}{\pi} \times R \int_0^{\pi/2} \sin\theta\, d\theta = \frac{2}{\pi} \times R[-\cos]_0^{\pi/2}$$

$$= \frac{2}{\pi}R$$

2. 半円板（厚さ t，密度 ρ）
（１） 半円弧の重心位置を使う方法：

$$\mathrm{OG} = \frac{\int_0^R \rho t \pi r\, dr \times (2/\pi) r}{\rho t (1/2) \pi R^2} = \frac{2\left(\int_0^R r^2\, dr\right)}{(1/2)\pi R^2} = \frac{(4/3)R^3}{\pi R^2} = \frac{4}{3\pi} R$$

(**2**) 直接法：

$$\mathrm{OG} = \frac{\int_0^R \rho t 2\sqrt{R^2 - x^2}\, x\, dx}{\rho t (1/2) \pi R^2}$$

変数変換　$x = R\sin\theta$　∴　$dx = R\cos\theta\, d\theta$

$$\therefore\ \mathrm{OG} = \frac{4}{\pi} R^2 \int_0^{\pi/2} R\cos\theta \cdot R\sin\theta \cdot R\cos\theta\, d\theta = \frac{4}{\pi} R \int_0^{\pi/2} \cos^2\theta \cdot \sin\theta\, d\theta$$

$$= \frac{4}{\pi} R \left(-\frac{1}{3}\cos^3\theta\right)_0^{\pi/2} = \frac{4}{3\pi} R$$

3·5　AB の長さを l とするとき，もしも BC が水平になったとすると，平行力である AB 部分の重力と BC 部分の重力の合力は A 点を通るはずであるから

$$\frac{1}{2}l \times \cos 60° = \frac{1}{2}l \times \frac{1}{2} = \frac{1}{4}l$$

AB 部分と BC 部分の質量を $\rho l,\ \rho L$ とすると

$$\frac{1}{2}\rho l \times \cos 60° = \frac{1}{2}\rho l \times \frac{1}{2} = \rho l \times \frac{1}{4}$$

すなわち

$$(\text{AB 部分の質量})l \times \frac{1}{4}l = (\text{BC 部分の質量})L \times \left(\frac{L}{2} - \frac{l}{2}\right)$$

$$\therefore\ \frac{1}{4}l^2 = \frac{1}{2}L^2 - \frac{1}{2}Ll \quad \text{これから} \quad 2L^2 - 2Ll - l^2 = 0$$

$$\therefore\ L = \frac{1}{2} \times (l \pm \sqrt{l^2 + 2l^2}) = \frac{1}{2} \times (1 + \sqrt{3}) \times l = 1.37l$$

すなわち，BC の長さが AB の長さの 1.37 倍のとき．

3·6　半円の重心位置　$\mathrm{OG} = \dfrac{4}{3\pi}$　であるから

$$P_\mathrm{C} \times R = 50 \times 9.81 \times \frac{4}{3\pi} \times R$$

$$\therefore\ P_\mathrm{C} = 50 \times 9.81 \times \frac{4}{3\pi} = 208\ \mathrm{N},$$

$$P_\mathrm{A} = P_\mathrm{B} = \frac{1}{2} \times (50 \times 9.81 - 208) = 141\ \mathrm{N}$$

したがって，AB 点には等しく 141 N，C 点に 208 N．

3·7　パップスの定理によれば

表面積 $S = 2\pi y_G L$, 　体積 $V = 2\pi y_G S'$

いまの場合 $y_G = R$, 　$L = 2\pi r$, 　$S' = \pi r^2$

∴　$S = 2\pi R \times 2\pi r = 4\pi^2 Rr$, 　$V = 2\pi R \times \pi r^2 = 2\pi^2 Rr^2$

パップスの定理を使わない方法：

$$V = 2\int_0^r \pi\left\{(R+\sqrt{r^2-x^2})^2 - (R-\sqrt{r^2-x^2})^2\right\}dx$$

$$= 2\pi\int_0^r 4R\sqrt{r^2-x^2}\,dx = 8\pi R\int_0^r \sqrt{r^2-x^2}\,dx$$

ここで，$x = r\sin\theta$ とおくと，$dx = r\cos\theta\,d\theta$

$$∴\int_0^r \sqrt{r^2-x^2}\,dx = \int_0^{\pi/2} r^2\cos^2\theta\,d\theta = r^2\int_0^{\pi/2}\cos^2\theta\,d\theta$$

$$\cos(2\theta) = \cos(\theta+\theta) = \cos^2\theta - \sin^2\theta = 2\cos^2\theta - 1$$

$$∴\quad \cos^2\theta = \frac{1}{2}(1+\cos 2\theta)$$

$$\int_0^{\pi/2}\cos^2\theta\,d\theta = \int_0^{\pi/2}\frac{1}{2}\times(1+\cos 2\theta)d\theta$$

$$= \frac{1}{2}\times\left[\theta + \frac{1}{2}\sin 2\theta\right]_0^{\pi/2} = \frac{\pi}{4}$$

したがって　$V = 8\pi Rr^2 \times \pi/4 = 2\pi^2 Rr^2$

結局　$V = \pi r^2 \times 2\pi R$　なる簡単な結果が導かれる．

〔ノート〕　たとえば，厚さ δ のドーナツ状の物体の容積を ΔV とすると

$\Delta V = 2\pi R \times \{\pi r^2 - \pi(r-\delta)^2\} = 2\pi^2 R \times (2r\delta - \delta^2) \fallingdotseq 2\pi^2 R \times 2r\delta$

$\Delta V =$ 表面積 $\times \delta$　のはずであるから，上式を δ で割ると，表面積 $S = 4\pi^2 Rr$ となっている．

結局 $S = 2\pi r \times 2\pi R$ となっていて，これは dV/dr と同じであることがわかる．

3・8　モーメントは

$$M_0 = \int_0^b \left\{5-(5-2)\times\frac{x}{6}\right\}x\,dx = \int_0^b \left(5x - \frac{1}{2}x^2\right)dx$$

$$= \left[\frac{5x^2}{2} - \frac{1}{2}\times\frac{x^3}{3}\right]_0^6 = 5\times\frac{36}{2} - \frac{36\times 6}{6} = 90 - 36$$

$$= 54 \text{ kN·m}$$

このはりは片持ばりであるから，R_0 は"全荷重"に等しくなる．
反力は

$$R_0 = \int_0^6 \left(5-\frac{1}{2}x\right)dx = \left[5x - \frac{x^2}{4}\right]_0^6 = 30 - 9 = 21 \text{ kN}$$

3·9 p.53 の式(**3·24**)から

$$3.1 = 3\left\{1 + \frac{8}{3} \times \left(\frac{f}{3}\right)^2\right\}$$

$$\therefore \quad 0.1 = 8 \times \left(\frac{f}{3}\right)^2 \quad \text{すなわち} \quad \frac{f}{3} = \sqrt{\frac{0.1}{8}}$$

$$\therefore \quad f = 0.33541 \text{ m} \fallingdotseq 34 \text{ cm} \cdots \text{中央のたるみ}$$

同じく式(**3·22**)，式(**3·25**)から

$$T = \frac{40 \times 9.81 \times 3}{8f}\left\{1 + \frac{1}{2}\left(\frac{8f}{2 \times 3}\right)^2\right\} = \frac{15 \times 9.81}{f}\left\{1 + \frac{1}{2}f^2 \times \left(\frac{4}{3}\right)^2\right\}$$

f の値に 0.3354 を入れると $T = 482.6$ N

f の値に 0.34 を使うと $T = 477.4$ N … 両端の最大張力

3·10 球の体積は

$$V = 2\int_0^R \pi(R^2 - h^2)dh = 2\pi\left[R^2 h - \frac{h^3}{3}\right]_0^R$$

$$= 2\pi \times \frac{2}{3} \times R^3 = \frac{4}{3} \times \pi R^3$$

これを使って，球が全没すれば重力と浮力がつりあう条件をつくる．浮力は $B = \rho g V$ であるから，鉄鋼の ρ を 7.8 と置いてつりあい式をつくると

$$7.8 \times \frac{4}{3}\pi\{R^3 - (R-t)^3\} = 1 \times \frac{4}{3}\pi R^3$$

上式の両辺に g を掛けたものが重力と浮力になっている．浮力 $B = \rho g V$ である式を簡単にすると

$$7.8\{R^3 - (R-t)^3\} = R^3$$

これから $6.8 R^3 = 7.8(R-t)^3$ すなわち $\left(1 - \frac{t}{R}\right)^3 = \frac{6.8}{7.8}$

したがって $\dfrac{t}{R} = 1 - \left(\dfrac{6.8}{7.8}\right)^{1/3} = 0.0447 \fallingdotseq 4.5\%$

すなわち，厚さを外半径の 4.5% にする．

〔**ノート**〕 球の体積は $V = \dfrac{4}{3}\pi R^3$ であるが，さらに球の表面積の $4\pi R^2$ は体積に対して，$\dfrac{d}{dR} \times \dfrac{4}{3}\pi R^3 = 4\pi R^2$ なる関係にあることがわかる．同様に，円の面積が πR^2 であるのに対して，円周が $\dfrac{d}{dR}\pi R^2 = 2\pi R$ であるなどのことから，中心のある球や円の表面積は，体積を半径で微分して得られることがわかる．

〔4 章〕 速度と加速度

4・1　　$x'' = \alpha, \ x' = \alpha t, \ x = \dfrac{1}{2} \times \alpha t^2 = \dfrac{1}{2} \times \alpha \times \left(\dfrac{x'}{\alpha}\right)^2 = \dfrac{1}{2} \times \dfrac{x'^2}{\alpha}$

$$\alpha = \dfrac{x'^2}{2x} = \dfrac{(40000/3600)^2}{2 \times 30} = \left(\dfrac{40}{3.6}\right)^2 \times \dfrac{1}{60} = 2.06 \text{ m/s}^2$$

〔ノート〕　$m\alpha \cdot x = \dfrac{1}{2} mv^2$　　　∴　$v = \sqrt{2\alpha x}$

4・2　（図解 4 参照）

$t = 0 \sim 1$ 分のとき

$$s = \dfrac{1}{2} \alpha t^2 = \dfrac{1}{2} \times \dfrac{75 \text{ km}}{60 \times 1} \times t^2 = 0.625 \text{ km} \times t \text{ 分}^2$$

$t = 0 \sim 7$ 分のとき

$$s = 0.625 + \dfrac{75}{60} \times t = 0.625 + 1.25 \, t$$

t が 6 分では

$$s = 8.125 \text{ km}$$

$t = 7 \sim 8$ 分のとき

$$s = 8.125 + 1.25 \, t - \dfrac{1}{2} \times \dfrac{75}{60 \times 0.5} \times t^2 = 8.125 + 1.25 \, t - 12.5 \, t^2$$

$t = 7.5$ 分では

$$s = 8.125 + 1.25 \times \dfrac{1}{2} - 1.25 \times \dfrac{1}{4} = 8.4375 \text{ km}$$

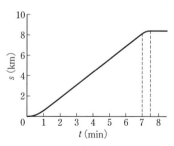

図解 4

4・3　航路の長さ（円弧）＝ 2 分 × 18 ノット × $\dfrac{1852 \text{ m}}{60 \text{ 分}}$ = 1111.2 m

半径を R とすると

円弧の長さ ＝ $R\theta = R \times \pi/4$　　ここで　$\theta = 45° = \pi/4$ rad

$R = 1111.2 \times 4/\pi = 1415.5$ m

4·4 $\dfrac{1}{2}mv_0^2 = mgh$ ∴ $h = \dfrac{v_0^2}{2g} = \dfrac{30^2}{2 \times 9.81} = 45.9$ m … 上昇高さ

上昇：$0 = v_0 - gt$ ∴ $t = \dfrac{v_0}{g} = \dfrac{30}{9.81} = 3.06$ 秒

降下：$h = \dfrac{1}{2}gt^2$ ∴ $t = \sqrt{\dfrac{2h}{g}} = 3.06$ 秒

上昇～降下の時間　$3.06 + 3.06 = 6.12$ 秒

4·5 $t = t$ のとき　$v_0 \cos 40° \times t = 150/2 = 75$ m　　また　$v_0 \sin 40° - gt = 0$

∴ $v_0 \cos 40° \times 2\,v_0 \sin 40°/g = 150$ m

ここで，三角関数の半角公式により，$\sin 2\alpha = 2 \sin \alpha \cos \alpha$　であるから

$\qquad v_0^2 \cos 40° \times 2v_0 \sin 40°/g = 150$ m

これから，初期上昇速度 $v_0 = 38.6$ m/s, 最高高さ $h = (v_0 \sin 40°)^2 = 31.4$ m

4·6 $\qquad h = \dfrac{1}{2}gt^2, \quad v = gt$

これから

$\qquad$ 落下時間 $t = \sqrt{\dfrac{2h}{g}} = \sqrt{\dfrac{2 \times 8}{g}} = \dfrac{4}{\sqrt{g}} = 1.28$ 秒

また

$\qquad$ 衝撃速度 $v = 12.52$ m/s

4·7 一般に工学計算においては，回転速度には rad/s を使うのが正しいが，この問題では，回転数に毎分当たり回転数（rpm）を使ったほうが扱いが簡単になるという特別の場合である．

速度の半減した時間が 30 秒すなわち 1/2 分であるから

$\qquad$ 角減速度 $\alpha = \dfrac{(300-150)\,\text{rpm}}{(1/3)\,\text{min}} = 450$ r/min^2

したがって，150 rpm から停止までの時間は

$\qquad \dfrac{150\,\text{rpm}}{450\,\text{r/min}^2} = \dfrac{1}{3}$ 分 $= 20$ 秒

（この問題は上記のような計算をしなくても，減速度が一定なら，ある速度から半分の速度までに低下する時間と，停止するまでの時間が等しいのは当然である）

停止するまでの回転数は

$\qquad N = \dfrac{1}{2}at^2 = \dfrac{1}{2} \times 450\,\text{r/min}^2 \times \dfrac{1}{3^2}\,\text{min}^2 = 25$ 回転

4·8 $\quad r\omega^2 = 38.4 \times 10^4\,\text{km} \times \left(\dfrac{2\pi}{27.3 \times 24 \times 3600}\right)^2 = 38.4 \times \left(\dfrac{2\pi}{27.3 \times 24 \times 36}\right)^2$

$\qquad = 2.725 \times 10^{-6}$ km/s$^2 = 2.725$ mm/s^2 … 月の加速度

4·9 $\dfrac{30\,\text{km}}{x-y} = \dfrac{7}{4}\,\text{h}$ $\dfrac{30}{x+y} = \dfrac{5}{4}$

したがって，$x-y = 120/7$, $x+y = 120/5$

$x = 20.57$ km/h … 船の速度， $y = 3.43$ km/h … 流速

4·10 対地速度 $v = \sqrt{400^2 - \dfrac{50^2}{2}} + \dfrac{50}{\sqrt{2}} = 433.8$ km/h

機首の方向 $\theta = \sin^{-1}(35.35/400) = 5°04'$ … 真東よりやや北向き

〔5章〕 力と運動法則

5·1 減速度 $\alpha = 9.81$ m/s$^2 \times 0.02 = 0.196$ m/s^2

貨車の速度 $v = \sqrt{2\alpha x}$

停止するまでの距離 $x = \dfrac{v^2}{2\alpha} = \left(\dfrac{25000}{3600}\right)^2 \times \dfrac{1}{2 \times 0.196} = 123$ m

5·2 加速度 $\alpha = (F/m) - g$

鎖の下端から x の長さにある点に働く張力 $T = Fx/l$

5·3 加速度 $\alpha = g \tan 10° = 1.73$ m/s^2

5·4 ① $+z$ を上方向にとると，全体系の運動方程式は，その成立に注意してつぎのようになる．

$3mz'' = -2mg + mg = -mg$ したがって $z'' = \alpha = (1/3)g$ … 加速度

$F = mg - m(1/3)g = m(2/3)g$ … 二つの物体の間に働く力

② 図 **5·9** の左側の 2 個の質量のうち，上側の質量に関する運動方程式を考える．二つの質量間に働く接触力 F は，上側の質量に対して上向きであるから

$mz'' = F - mg$ すなわち $F = mg = mz''$

ここで，$z'' = -(1/3)g$ であるから，$F = (2/3)mg$

5·5 $P(浮力) - mg = m\alpha$

投下した砂袋の質量を m' とすると

$P - (m-m')g = (m-m')\beta$

上の二つの式から P を消去すると

$m\alpha + mg - mg + m'g = (m-m')\beta$

これから $\beta = (m\alpha + m'g)/(m-m')$

数値を代入すると

気球の加速度 $\beta = \dfrac{120\,\text{kg} \times 1\,\text{m/s}^2 + 8\,\text{kg} \times 9.81\,\text{m/s}^2}{(120-8)\,\text{kg}} = 1.77$ m/s^2

5·6 p.78 の式 (**5·8**) より $\tan 55° = r\omega^2/g$ $r = 0.4m \times \sin 55°$

∴ $\tan 55° = 0.4 \times \sin 55° \times \omega^2/g$

∴ $\omega^2 = g/(0.4 \times \cos 55°) = 42.73$

これから

振子の毎分回転数 $N = (\omega/2\pi) \times 60 = 62.45$ rpm

糸に働く力 $T = mg \times (1/\cos 55°) = mg \times 1.743$

5·7 月の運動の地球まわりの回転半径を R_M とすると，**p.80** の式(**5·13**)により

$$M_M R_M \omega^2 = \frac{GM_M M_E}{R_M^2} \quad \text{これから} \quad R_M{}^3 = \frac{GM_E}{\omega^2}$$

ただし，G は万有引力の定数である〔**p.79** の式(**5·12**)参照〕．

いま，$F = mg = G \times m \times \dfrac{M_E}{R_E^2}$ これから $g = G \times \dfrac{M_E}{R_E^2}$

$$\therefore \quad R_M = \sqrt[3]{\frac{GM_E}{\omega^2}} = \sqrt[3]{\frac{gR_E^2 T^2}{(2\pi)^2}} = \sqrt[3]{\left(\frac{R_E T}{2\pi}\right)^2 g}$$

この式から $R_M{}^3 = \left(\dfrac{R}{2\pi}\right)^2 T^2 g$

$\therefore \quad T \propto R_M{}^{3/2}$ これが**ケプラーの法則**である．

また，$\omega = 2\pi/T$ であるから

$$R_M = \sqrt[3]{\frac{GM_E}{\omega^2}} = \sqrt[3]{\left(\frac{6370 \times 27.3}{2\pi}\right)^2 \times 0.00981 \times (3600 \times 24^2)}$$

ただし，6370 km は地球の半径である（**p.82** 参照）．また，0.00981 は重力の加速度 g (km/s^2) である．

5·8 **p.82** の式(**d**)を参照して

$$T = \frac{2\pi}{R_M}\sqrt{\frac{(R_M + h)^3}{g'}} = \frac{2\pi}{1740}\sqrt{\frac{(1740 + 30)^3}{g'}}$$

ただし，g' は月の表面における重力の加速度，G は万有引力の定数（**p.79** 参照）．

$$g' = \frac{GM_M}{R_M^2} = \frac{\{6.670 \times 10^{-11} \text{ m}^3/(\text{kg·s}^2)\} \times \{(1/80) \times 6.0 \times 10^{24} \text{ kg}\}^*}{(1740 \text{ km})^2}$$

$$= \frac{6.67 \times 10^{13} \times (1/80) \times 6}{1740^2 \times 10^6} = \frac{3}{4} \times \frac{6.67}{1.74^2} = 1.652 \text{ m/s}^2$$

〔* **p.80** の式(**5·14**)参照〕

宇宙船が円軌道を描くに要する時間は

$$T = 2\pi \times \frac{1770}{1740}\sqrt{\frac{1770}{1.652 \times 10^{-3}}} = 6615 \text{ 秒} = 1\text{時間}50\text{分}15\text{秒}$$

〔**別法**〕 地球表面では重力 $mg = G(m \cdot M_E)/R_E^2$ であるから $g = GM_E/R_E^2$ になる．したがって，月の表面での重力の加速度は $g' = G \cdot M_M/R_M^2$ になる．
ただし，$R_E = 6370$ km であり，また月の半径 $R_M = 1740$ km である．

したがって，$g' = GM_M/R_M^2$ である．そこで，地球上の g を使うと

$$g' = \frac{R^2}{M_E} \cdot g \cdot \frac{M_M}{R_M^2} = g \cdot \frac{M_M}{M_E} \left(\frac{R}{R_M}\right)^2 = g \cdot \frac{1}{80} \left(\frac{6370}{1740}\right)^2$$
$$= 1.6435 \text{ m/s}^2 \tag{4}$$

さて，**p.81** において，万有引力の法則として下式が提出されている．

$$\text{地球の引力} = G \times \frac{mM_E}{(R+h)^2}$$

したがって，物体が地表にあるときを考えると，$h = 0$ であるから

$$mg = G \times \frac{mM_E}{R^2} \quad \text{したがって} \quad \frac{GM_E}{R^2} = g$$

ここで，高度 h にあるときの力のつりあいを考えると

$m(R+h)\omega^2 = \dfrac{G \cdot mM_E}{(R+h)^2}$ であるから，g を使うと，この式は

$$m(R+h)\omega^2 = mg \cdot \left(\frac{R}{R+h}\right)^2$$

そこで，速度 $v = (R+h)\omega = R \cdot \sqrt{\dfrac{g}{R+h}}$

公転周期 $T = \dfrac{2\pi}{\omega} = \dfrac{2\pi}{R}\sqrt{\dfrac{(R+h)^3}{g}}$

この式は **p.82** に式（**d**）として掲げられている．
ここで，問題 **5・8**〔**別法**〕の式（4）にもどり，g' を使って公転周期を計算すると

$$T = 2\pi \frac{1770}{1740}\sqrt{\frac{1770}{1.6435 \times 10^{-3}}} = 6630 \text{ 秒} = 1 \text{時間} 50 \text{分} 30 \text{秒}$$

〔6 章〕 **剛体の運動**

6・1 慣性モーメントの定義（**p.87** の **6・2** 節）に従い，$I_z = MR^2$

直行軸の定理により $\quad I_x = I_y = \dfrac{1}{2} I_z = \dfrac{1}{2} MR^2$

平行軸の定理により $\quad I_{x'} = M\left(\dfrac{1}{2} + 1\right) R^2 = \dfrac{3}{2} MR^2$

平行軸の定理により $\quad I_{z'} = MR^2 + MR^2 = 2MR^2$

6・2 この問題の解答を求めるには，最も原理的には，まず，径の大きい回転体についての慣性モーメントを求め，次いで，厚さの分だけ径の小さい回転体の慣性モーメントを（同一の式より）求めて，前者の値と後者の値の差を算出すればよいのである．肉厚がきわめて薄い場合には，物体の表面積を（表面積積分法により）算出し，これに肉厚を掛ければ回転体の容積が求められ，積分の途中で部分の径の 2 乗を乗ずる手段を

とれば，直接，核体の慣性モーメントが求められる．
まず，表面積積分について紹介する．

$$M = \int_0^h \rho 2\pi yt \sqrt{1+\left(\frac{dy}{dx}\right)^2} dx$$

ここに　$y = r + (R-r)\cdot x/h$

$$\therefore\ M = \int_0^h \rho 2\pi \left\{r+(R-r)\frac{x}{h}\right\} t \times \sqrt{1+\left(\frac{R-r}{h}\right)^2} dx$$

$$= \frac{2\pi\rho t}{h}\cdot\sqrt{(R-r)^2+h^2}\int_0^h\left[r+(R-r)\frac{x}{h}\right]dx$$

上式中，積分値は $\frac{1}{2}h\times(R+r)$ となるから

上式 $= \pi\rho t(R+r)\sqrt{(R-r)^2+h^2}$

〔参考〕　上式の $\sqrt{(R-r)^2+h^2}$ の値は円すいの表面長 s に等しい．
以上の準備をして，以下，x 軸まわりの慣性モーメントを求める．

$$I_x = \int_0^h y^2 \cdot \rho 2\pi yt \sqrt{1+\left(\frac{dy}{dx}\right)^2} dx$$

$$= \rho 2\pi t \sqrt{1+\left(\frac{R-r}{h}\right)^2} \times \int_0^h y^3 dx$$

ここに，y は前出の表面積積分に使った値であって

$$y = r+(R-r)\frac{x}{h}$$

さらに前出の M を使って I_x を計算すると，結局

$$I_x = (1/2)M \times (R^2+r^2)$$

〔Mを求めるための別法〕　パップスの定理を用いる（**p.39** 参照）．
質量 = 表面積(A) $\times \rho \times t$ であるから

$$M = \rho t \times \frac{1}{2}(R+r) \times 2\pi \times \sqrt{(R-r)^2+h^2}$$

ここで，$\frac{1}{2}(R+r)$ は直線の重心であり，また，最後の項は L であるから，上式は

$$M = \rho t \pi (R+r)\sqrt{(R-r)^2+h^2}$$

このようにして，M が比較的簡単に求められる．

6・3　$\dfrac{I}{7.8\times 10^{-3}\times 2} = \pi\cdot 20^2\cdot\dfrac{20^2/2}{2} - 4\pi\cdot 4^2\left(\dfrac{4^2}{2}+10^2\right) = \pi\left(\dfrac{20^4}{2}-64\times 108\right)$

中心軸まわりの慣性モーメント $I = 3580$ kg·cm$^2 = 0.358$ kg·m^2

6・4　面に垂直な中心軸まわりのモーメントは

$$I = 7.8 \times 10^{-3} \text{ kg/cm}^3 \times \left\{ 2 \times 20 \times 6^2 \pi \times \frac{6^2}{2} + 15 \times 6^2 \pi \right.$$
$$\left. \times \left(\frac{6^2}{2} + 20^2 \right) + 2 \times 8 \times 40 \times 20 \times \left(\frac{20^2 + 40^2}{12} + 10^2 \right) \right\}$$
$$= 7.8 \times 10^{-3} \times \left\{ 40\pi \times 36 \times 18 + 15\pi \times 36 \times 418 + 12800 \times \left(\frac{2000}{12} + 100 \right) \right\}$$
$$= 32787.5 \text{ kg} \cdot \text{cm}^2 = 3.279 \text{ kg} \cdot \text{m}^2$$

6·5 原点が O なる座標上での図心の位置 x_G, y_G を求める.
$$x_G = 10 + (10 + 27.5) \times 1100/3100 = 23.3, \quad y_G = 10 + 40 \times 2000/3100 = 35.81$$
xx 軸まわりの断面二次モーメントは

$$I_x = 2000 \times \left\{ \frac{100^2}{12(\text{中心軸まわり二次モーメント})} \right\} + (50 - 35.81)^2$$
$$+ 1100 \times \left\{ 20^2/12 + (35.81 - 10)^2 \right\} = 2838816$$

ここで, 図 **6·25** の寸法の単位が mm であるとする. その場合, $I_x = 283.9 \text{ cm}^4$.
yy 軸まわりの断面二次モーメントは

$$I_y = 2000 \times \left\{ \frac{20^2}{12} + (23.3 - 10)^2 \right\} + 1100 \times \left\{ 55^2/12 + (20 + 27.5 - 23.3)^2 \right\}$$
$$= 1341932 \quad \therefore \quad I_y = 134.2 \text{ cm}^4$$

6·6 $I = 60 \text{ kg} \times 40^2/2 \text{ cm}^2 = 4.8 \text{ kg} \cdot \text{m}^2$
$I\theta'' = T$, $\theta'' = \alpha$ とすると, $\theta' = \alpha t$
$$\theta = \frac{1}{2} \alpha t^2 = \frac{1}{2} \alpha \times \left(\frac{\theta'}{\alpha} \right)^2 = \frac{1}{2} \times \frac{\theta'^2}{\alpha}$$

数値を入れると
$$25 \times 2\pi = \frac{1}{2\alpha} \left(\frac{2\pi \times 3600}{60} \right)^2$$

これから
$$\alpha (\text{rad/s}^2) = \frac{(10\pi)^2}{100\pi} = \pi$$

したがって, グラインダに働いたトルクは
$$T = I\alpha = 4.8 \text{ kg} \cdot \text{m}^2 \times \pi \text{ rad/s}^2 = 15.08 \text{ kg} \cdot \text{m/s}^2 \cdot \text{m} = 15.1 \text{ N} \cdot \text{m}$$

6·7 まず, 球に関する諸数値を計算する.

球の体積 $\quad V = 2 \int_0^R \pi r^2 dz = 2\pi \int_0^R (R^2 - z^2) dz = 2\pi \left(R^3 - \frac{R^3}{3} \right) = \frac{4}{3} \pi R^3$

密度 $\quad \rho = \dfrac{M}{(4/3)\pi R^3}$

慣性モーメント　$I_z = \rho \cdot 2\int_0^R \pi r^2 \cdot \frac{1}{2} r^2 \cdot dz = \rho\pi \int_0^R r^4 dz = \rho\pi \int_0^R (R^2-z^2)^2 dz$

$$= \rho\pi \int_0^R (R^4 - 2R^2 z^2 + z^4) dz = \rho\pi \left\{ R^5 - \frac{2}{3}R^5 + \frac{1}{5}R^5 \right\}$$

$$= \rho\pi \frac{8}{15}R^5 = \frac{3}{4\pi} \cdot \frac{M}{R^3} \cdot \frac{8}{15} \cdot \pi R^5 = \frac{2}{5} MR^2$$

運動方程式は

$$mx'' = mg, \sin\theta - F, \quad I\phi'' = FR$$

しかるに　$\phi'' = x''/R$

したがって　$mx'' = mg \cdot \sin\theta - (I/R) \times (x''/R)$

$\therefore \left(m + \frac{I}{R^2} \right) x'' = mg \cdot \sin\theta$

$\left(1 + \frac{2}{5} \right) x'' = g \cdot \sin\theta$

$\therefore x'' = \frac{5}{7} g \cdot \sin\theta \cdots$ 球の加速度

円柱の場合，**p.100** の例題 **6・13** にある 2/3 であるから，球のほうが

$$\frac{5/7}{2/3} = 1.07$$

で，球は円柱より 7% 増しになる．

6・8　運動方程式

$m_1 a = m_1 g - T_1$

$R(T_1 - T_2) = I(a/R)$

$m_2 a = T_2 - m_2 g$

$\therefore m_1(g-a) - m_2(a+g) = I \cdot a/R^2$

$(m_1 - m_2)g - (m_1 + m_2)a = I \cdot a/R^2$

したがって，運動の加速度は

$$a = \left(\frac{m_1 - m_2}{m_1 + m_2 + (I/R^2)} \right) g$$

糸の張力はそれぞれ

$$T_1 = m_1 g \left\{ 1 - \frac{m_1 - m_2}{m_1 + m_2 + (I/R^2)} \right\} = \left\{ \frac{2m_2 + (I/R^2)}{m_1 + m_2 + (I/R^2)} \right\} \cdot m_1 g$$

$$T_2 = m_2 g \left\{ \frac{m_1 - m_2}{m_1 + m_2 + (I/R^2)} + 1 \right\} = \left\{ \frac{2m_1 + (I/R^2)}{m_1 + m_2 + (I/R^2)} \right\} \cdot m_2 g$$

6・9　プーリ A と B の回転運動の方程式は

$$I_1\theta'' = T - F'R_1 + F''R_1$$
$$I_2\theta'' = F'R_2 - F''R_2$$

二つのプーリの角加速度の間につぎの関係がある．
$$\theta_1 R_1 = \theta_2 R_2$$

したがって
$$I_1\theta_2''\frac{R_2}{R_1} = T - (F' - F'')R_1$$
$$I_2\theta_2'' = (F' - F'')R_2$$

したがって
$$I_1\theta_2''\frac{R_2}{R_1} = T - \frac{R_1}{R_2}I_2\theta_2'' \quad \rightarrow \quad \left(I_1\frac{R_2}{R_1} + I_2\frac{R_1}{R_2}\right)\theta_2'' = T$$

$$\therefore \quad \theta_2'' = \frac{T}{I_1(R_2/R_1) + I_2(R_1/R_2)} = \frac{R_1 R_2}{I_1 R_2^2 + I_2 R_1^2}T$$

ベルトの張力差は
$$\Delta F = F' - F'' = \frac{I_2}{R_2}\left(\frac{R_1 R_2}{I_1 R_2^2 + I_2 R_1^2}\right)T = \left(\frac{I_2 R_1}{I_1 R_2^2 + I_2 R_1^2}\right)T$$

6·10 棒の A 点まわり慣性モーメント $\quad I_A = \int_0^L \frac{m}{L} \times x^2 dx = \frac{m}{L} \times \frac{L^2}{3} = m\frac{1}{3}L^2$

ここで，$m/L = \rho$ で線密度になる．

重心 O 点まわりの慣性モーメントは，平行軸の定理により
$$I_O = mL^2/3 - m(L/2)^2 = mL^2/12 \quad [= m(1/3) \cdot (L/2)^2]$$

重心における運動方程式は

直線運動方程式 $\quad m\dfrac{L}{2}\theta'' = mg - F_A \quad$ (5)

回転運動方程式 $\quad m\dfrac{L^2}{12}\theta'' = F_A\dfrac{L}{2} \quad$ (6)

式 (6) から $\quad \theta'' = F_A\dfrac{6}{mL} \quad$ (7)

式 (7) を式 (5) に代入すると $\quad \dfrac{mL}{2}F_A\dfrac{6}{mL} = mg - F_A \quad$ (8)

ここで $\quad 3F_A = mg - F_A \quad \rightarrow \quad F_A = (1/4)\cdot mg \cdots$ 支点の反力
$\therefore \quad \theta'' = (1/4)mg(6/mL) = (3/2)\cdot(g/L) \cdots$ 角加速度

〔7 章〕**摩擦**

7·1 摩擦角の定義により，次式の関係が成立する．

$$mg \cdot \sin\theta = \mu mg \cdot \cos\theta$$
したがって，摩擦角は
$$\theta = \tan^{-1} 0.28 = 15°39'$$

7·2 等速運動であるから，重力の斜面方向の成分と，斜面に直角方向の成分（面圧力に摩擦係数を乗じた摩擦力）とがつりあっている状況であるから，運動の摩擦係数は
$$\mu = \tan 12° = 0.213$$

7·3 $F = mg \cdot \sin\alpha \pm \mu mg \cdot \cos\alpha$
∴ $p = (mg\sin\alpha + \mu mg\cos\alpha)/(mg\sin\alpha - \mu mg\cos\alpha)$
$ = (\sin\alpha + \mu\cos\alpha)/(\sin\alpha - \mu\cos\alpha)$
∴ $\sin\alpha + \mu\cos\alpha = p\sin\alpha - p\mu\cos\alpha$
$\mu(p+1)\cos\alpha = (p-1)\sin\alpha$
したがって，静止摩擦係数は
$$\mu = \{(p-1)/(p+1)\} \cdot \tan\alpha$$

7·4 拘束力を F とすると，鉛直方向の力のつりあいから
$$2F\sin\alpha = mg$$
軸方向の接触力を P とすると
$$P = \mu 2F = \mu mg/\sin\alpha \cdots 必要な力$$
回転に必要なトルクを M とすると
$$M = 2\mu FR = \mu Rmg/\sin\alpha \cdots 必要なモーメント$$

7·5 棒と床面との接触点を Q，壁面との接触点を W とすると，棒に作用する鉛直方向の力のつりあいから
$$0.2F_W + F_Q = (mg =) 25 \times 9.81 \qquad (9)$$
同上，水平方向の力のつりあいから
$$0.3 \times F_Q = F_W \qquad (10)$$
Q 点まわりの力のモーメントのつりあいから
$$25\text{ kg} \times 9.81\text{ m/s}^2 \times 2\text{ m } [= (1/2) \cdot 4\text{ m}]$$
$$= F_W \times 4\text{ m} \times \cos\theta + 0.2F_W \times 4\text{ m} \times \sin\theta \qquad (11)$$
式(**9**)と(**10**)から，$(0.06+1)F_Q = 25 \times 9.81$
∴ $F_Q = 25 \times 9.81/1.06 = 231.14$ N
式(**10**)から，$F_W = 69.34$ N
式(**11**)から，$25 \times 9.81\sin\theta - 0.4F_W\sin\theta = 2F_W\cos\theta$
∴ $\tan\theta = 2F_W/(25 \times 9.81 - 0.4F_W) = 138.68/217.51 = 0.638$
これから，$\theta = 32°32'$ 以下 … 壁との間の角度
結局，棒の m（質量）と l（長さ）とは無関係であることになる．

7·6 $110\text{ N} = 3\text{ kg} \times 9.81\text{ m/s}^2 \times 7 (摩擦面の数) \times \mu (摩擦係数)$
∴ $\mu = 110/(21 \times 9.81) = 0.533$

〔解説〕 紙と床面との間の摩擦力は小さいとして無視している．紙同士の摩擦面は 7

枚である．

だるま落としと同じ原理で，力の伝達に上限が存在していて，力のリミッターになっている．このため，伝達可能の加速度 $\alpha < \mu_\mathrm{m} g$ になる．

底面の摩擦が大きいと，力を静かに加えると左に動く．

また，おもり下面と底面の摩擦係数が等しいとし，これを μ_m とするとき，$\alpha \geqq \mu_\mathrm{m} g$ のときには，110 N を急に加えると，左右に同時に動くはずである．

7・7　　$I\theta'' = T$　　∴　$\theta'' = T/I,$　$\theta' = (T/I)t$

$$\therefore\ T = \frac{1}{t}I\theta' = \frac{1.2\ \mathrm{kg\cdot m^2}}{2\times 60\ \text{秒}} \times \frac{2\pi \times 350\ \mathrm{rad}}{60\ \text{秒}} = 0.367\ \mathrm{N\cdot m}\ \cdots\ \text{摩擦トルク}$$

7・8　　$v^2/R = \mu g$　　これから　$v = \sqrt{R\mu g}$

したがって，横すべりしない最大速度は

$$v = \sqrt{80\ \mathrm{m} \times 0.2 \times 9.81\ \mathrm{m/s^2}} = 12.53\ \mathrm{m/s} = 45.11\ \mathrm{km/h}$$

7・9　p.111 の式(7・19)"ねじの効率"より

$$\eta = \frac{1 - 0.08 \times 3.5/(\pi \times 28)}{1 + 0.08\pi \times (28/3.5)} = 0.9968/3.011 = 0.33$$

7・10　p.115 の式(7・26)より

$T_2/T_1 = e^{-\mu\alpha}$　　したがって　$T_2/T_1 = 1/50 = 0.02$　では

$e^{-0.3\alpha} = 0.02$　　∴　$-0.3\alpha = \log_e 0.02$

$\alpha = \dfrac{-3.912}{-0.3} = 13.04\ \mathrm{rad}$

必要な巻き数は，$13.04/(2\pi) = 2.07$ 巻き以上

〔8章〕 仕事とエネルギー

8・1　この問題を解くには二つの方法がある．運動方程式法とエネルギー法である．
この章で期待されている解法は後者であるから，まず，エネルギー法で解を求める．

$$(1/2)mv^2 = \mu mgs\ \rightarrow\ \text{摩擦係数}\ \mu = v^2/(2gs)$$

このように，この問題の場合，明らかに簡単であるが，現象の経過を知るには運動方程式法がすぐれているので，以下にそれを紹介する．

$$mx'' = -\mu mg\ \ \therefore\ \ x'' = -\mu g$$

積分して　$x' = -\mu gt + \mathrm{const}$

初期条件として，$t=0$ で $x' = v$ であるから，$\mathrm{const} = v$　　すなわち　$x' = v - \mu \boldsymbol{gt}$

積分して　$x = vt - \mu g(1/2)t^2 + \mathrm{const}$

再び，初期条件として，$t=0$ で $x=0$ であるから，$\mathrm{const} = 0$

したがって　$x = vt - (1/2)\mu gt^2$　　また　$x' = v - \mu gt$

上式から，$v = x' = 0$ となるのは，$t_\mathrm{s} = v/(\mu g)$

したがって，この t_s を x の式に代入すると，到達距離は

$$s = \frac{v^2}{\mu g} - \frac{(1/2)v^2}{\mu g} = \frac{(1/2)v^2}{\mu g}$$

したがって，摩擦係数 $\mu = v^2/(2gs)$

当然ながら，この結果は前記のエネルギー法から得られた式と同じである．

重力の加速度の場合と同様に，この場合も，得られた結果は物体の質量に無関係になる．

8·2 $E = 10\text{ kg} \times 9.81\text{ m/s}^2 \times 8\text{ m}(失ったエネルギー) - (1/2) \times 10 \times 0.2^2(獲得したエネルギー) = 783.8\text{ N·m} = 784\text{ J}\cdots$ 結局，失ったエネルギー

8·3 エネルギーの消費がないとすると

$$\frac{1}{2}ks^2 = \frac{1}{2}mv^2 \quad \therefore \quad 放出時の速度\ v = \sqrt{\frac{k}{m}} \times s$$

8·4 失われたポテンシャルエネルギーは重心の降下によるものであるから

$$U = (1/2)mgl$$

一方，得た運動エネルギーは，$T_{\max} = U_{\max}$ なる関係から

$$T = \frac{1}{2}m\frac{l^2}{3}\theta'^2 \quad \therefore \quad \theta'^2 = \frac{1}{2} \times \frac{mgl}{ml^2/6} = \frac{3g}{l}$$

$$\therefore \quad \theta' = \sqrt{\frac{3g}{l}}$$

先端の速度 $v = l\theta' = l\sqrt{\dfrac{3g}{l}} = \sqrt{3gl}$

8·5 $\dfrac{1000\text{ t} \times 9.81\text{ m/s}^2 \times 2\text{ m}}{2\text{ kW}} = \dfrac{19620 \times 10^3\text{ J}}{2000\text{ J/s}} = 2$ 時間 43 分 30 秒

8·6 $A \times v \times \rho = Q$ すなわち

$(2\text{ m} \times 0.8\text{ m}) \times 6\text{ m/s} \times 1000\text{ kg/m}^3 = 9600\text{ kg/s}$

$Q \times g \times h = \text{kg(m/s}^2)\text{m}(1/\text{s}) = \text{W}(ワット)$ すなわち

$9600\text{ kg/s} \times 9.81\text{ m/s}^2 \times 20\text{ m} = 1883520\text{ kg·m}^2/\text{s}^3$

したがって，得られる動力は 1883.5 kW．

〔参考〕 **p.123** より，パワー $P = d/dt \cdot (mgh) = d/dt \cdot \rho Av \cdot gh$

8·7 モータのトルクは

$$T = \frac{P}{\omega} = \frac{5000\text{ N·m/s}}{1200 \times 2\pi/60\text{ s}} = 39.79\text{ N·m}$$

8·8 切削に消費される動力は

$5000\text{ N} \times 25\text{ m/60 s} = 2083\text{ J/s} = 2.08\text{ kW}$

8·9 必要な動力は

$200 \times 10^3\text{ kg} \times 9.81\text{ m/s}^2 \times (1/1000 + 5/1000) \times (60000/3600)\text{ m/s} = 196.2\text{ kW}$

8·10 (a) $F = \dfrac{1}{4}(W+w) \quad \therefore \quad W$ が $W+w$ になるだけであるから．

(b) $F = \dfrac{1}{2}\left[\dfrac{1}{2}\left\{\dfrac{1}{2}(W+w)+w\right\}+w\right] = \dfrac{W}{8}+\dfrac{7}{8}w$

(c) $W = (8F+7w)+(4F+3w)+(2F+w)+F = 15F+11w$

$\therefore\ F = \dfrac{1}{15}(W-11w)$

(d) W が $W+w$ になるだけであるから

$F = (W+w)\dfrac{R-r}{2R}$

〔9章〕 運動量と力積，衝突

9·1 $mx'' = F_0\sin\left(2\pi\dfrac{t}{T}\right)$

物体の速度は

$$x' = \dfrac{F_0}{m}\int_0^{T/2}\sin\dfrac{2\pi}{T}dt = \dfrac{F_0}{m}\cdot\dfrac{T}{2\pi}\left[-\cos\left(2\pi\dfrac{t}{T}\right)\right]_0^{T/2}$$

$$= \dfrac{F_0}{m}\cdot\dfrac{T}{2\pi}[1+1] = \dfrac{1}{\pi}\cdot\dfrac{F_0 T}{m}$$

9·2 壁面が受ける力は

$F = Q\,\text{kg/s}\times v\,\text{m/s} = 10000\,\text{kg/60 s}\times 3\,\text{m/s} = 500\,\text{N}$

∵ **p.132** の式(**9·6**)で，$v' = 0$ の場合．

9·3 (**p.133** の例題 **9·3** 参照)

航空機に働く逆推力は

$F = 90\,\text{kg/s}\times\{(200\times 1000/3600)\,\text{m/s}+600\,\text{m/s}\times\sin 20°\} = 23467\,\text{N}$

$= 23.5\,\text{kN}$

9·4 **p.133** の式(**9·6**)を使用して

$F = Q(v'-v) = \rho\times A\times v(v'-v)$

最大の力は

$1.25\,\text{kg/m}^3\times\left\{\dfrac{\pi}{4}(9.5\,\text{m})^2\right\}\times 12\,\text{m/s}\times(12-0)\,\text{m/s} = 12758\,\text{N} = 12.8\,\text{kN}$

積載可能の質量は

$(900+m)g = 12758 \quad \therefore\ m = 402\,\text{kg}$

9·5 連結後の速度 $v = 15\times 3/(15+25) = 1.125\,\text{m/s}$

平均衝撃力は $\dfrac{15\,\text{t}\cdot(3-1.125)\,\text{m/s}}{0.4\,\text{s}} = 70.3\,\text{t} = 689.8\,\text{kN}$

9·6 $\dfrac{0.03\,\text{kg}\times v\,\text{m/s}}{5.03\,\text{kg}} = v_0$ (衝突直後の物体の速さ)

運動のエネルギーは

$$(1/2) \cdot m v_0{}^2 = mg \times 1\,(\mathrm{m}) \times (1 - \cos 15°)$$
$$v_0{}^2 = 2 \times 9.81 \times 0.0341\,(\mathrm{m/s})^2 \quad \therefore \quad v_0 = 0.818\,\mathrm{m/s}$$

したがって，鉛の球の速さ $v = 0.818 \times 5.03/0.03 = 137.2$ m/s

9·7　　$m_\mathrm{a} \times v + m_\mathrm{b} \times 0 = m_\mathrm{a} \times 0 + m_\mathrm{b} \times 0.6v$

$\therefore \quad m_\mathrm{a} = 0.6\,m_\mathrm{b} \quad\quad m_\mathrm{a}/m_\mathrm{b} = 0.6 = 3/5 \cdots$ 二つの球の質量比

〔**補足説明**〕　**p.137** の式 (**9·15**)，式 (**9·16**) では，二つの物体の衝突前後の速度をそれぞれ $v_1,\ v_1',\ v_2,\ v_2'$ としているので，これらを使うと，同式 (**9·14**) より

$$m_1 v_1 + m_2 v_2 = m_1 v_1' + m_2 v_2'$$

同式 (**9·15**) より

反発係数 $e = (v_2' - v_1')/(v_1 - v_2)$

問題 **9·7** では $v_2 = 0$，$v_1' = 0$ であるから，$e = v_2'/v_1$

したがって，$v_2' = e v_1$

v_1 を v と書けば，$m_\mathrm{a} v = m_\mathrm{b} e v$　　したがって　$m_\mathrm{a} = 0.6\,m_\mathrm{b}$

すなわち　$m_\mathrm{a}/m_\mathrm{b} = 0.6 = 3/5$ となり，前出の結果と同じになる．

9·8　衝突時に棒に働く支点の反力は，支点のまわりにモーメントをもたないので，その点に関する角運動量は衝突の前後で変わらないはずである．

衝突前の P 点まわりの角運動量は

$$H_0 = mv(l-a) - mva = mv(l-2a) \tag{12}$$

H_0 は重心のもつ運動量 $2mv$ の P 点まわりの角運動量と考えてもよく，このときには

$$H_0 = mv\left(\frac{1}{2}l - a\right) = mv(l - 2a)$$

で当然，式 (**12**) に等しい．

衝突後の P 点まわりの角運動量は

$$H_1 = m(l-a)^2 \omega + m a^2 \omega \tag{13}$$

したがって，式 (**12**)，式 (**13**) を等しいとおくと

衝突後の回転速度 $\omega = (l - 2a)v/\{(l-a)^2 + a^2\}$

式 (**13**) については，P 点まわりの慣性モーメント I_p を使うと

$$H_1 = I_\mathrm{p} \omega$$

であり，さらに I_p は

$$I_\mathrm{p} = 2m\left(\frac{1}{2}l\right)^2 + 2m\left(\frac{1}{2}l - a\right)^2 = 2m\left(\frac{l^2}{4} + \frac{l^2}{4} - la + a^2\right)$$
$$= m(l^2 - 2al + 2a^2) = m(l-a)^2 + ma^2$$

したがって，$I_\mathrm{p} \omega$ は式 (**13**) に等しくなる．

〔**別解**〕　衝突時に P 点から剛体棒に加えられる力積を P_1 とすると

$$2m(x'-v) = -P_\mathrm{I} \tag{14}$$

この式は直線運動量の変化と力積の関係を示すもので、式中の x' は衝突後の速度であり、下向きを（+）にとってある。v は当然、衝突前の速度である。

つぎに、回転運動量の変化と力積のモーメントの関係は

$$2m\left(\frac{l}{2}\right)^2 \times (\omega - 0) = P_\mathrm{I}\left(\frac{l}{2} - a\right) \tag{15}$$

また

$$x' = \left(\frac{l}{2} - a\right)\omega \tag{16}$$

が成立するから、式 (14)〜(16) から x' と P_I を消去すると

$$-2m\left\{\left(\frac{l}{2} - a\right)\omega - v\right\} \times \left(\frac{l}{2} - a\right) = 2m\left(\frac{l}{2}\right)^2 \omega \tag{17}$$

これから

$$\left\{\left(\frac{l}{2}\right)^2 + \left(\frac{l}{2} - a\right)^2\right\}\omega = \left(\frac{l}{2} - a\right)v$$

したがって

$$\omega = \frac{l/2 - a}{l^2/2 - la + a^2}v = \frac{l - 2a}{l^2 - 2la + 2a^2}v = \frac{l - 2a}{(l-a)^2 + a^2}v$$

〔10章〕 振動

10·1 最大速度 $v = a\omega = 5\,\mathrm{mm} \times 2\pi \times 8 = 251.3\,\mathrm{mm/s} = 0.25\,\mathrm{m/s}$
最大加速度 $a = a\omega^2 = 5 \times (2\pi \times 8)^2 = 12633\,\mathrm{mm/s^2} = 12.6\,\mathrm{m/s^2}$

10·2 円板との接触面は、回転軸を基準として

$$x = R + a \cdot \cos \omega t$$

の上下振動をする。

10·3 （a） 固有振動数 $f_\mathrm{n} = \dfrac{1}{2\pi}\sqrt{\dfrac{2k}{m}}$

（b） 固有振動数 $f_\mathrm{n} = \dfrac{1}{2\pi}\sqrt{\dfrac{k}{2m}}$

10·4 固有振動数は

$$f_\mathrm{n} = \frac{1}{2\pi}\sqrt{\frac{(l/2)^2 \times k\sin^2 45°}{ml^2/3}} = \frac{1}{2\pi}\sqrt{\frac{k(1/4)(1/2)}{m(1/3)}} = \frac{1}{2\pi}\sqrt{\frac{3}{8} \cdot \frac{k}{m}}$$

〔**別法**〕 棒が小さい角度 θ だけ回転したとき、ばねの伸びは $(l\theta/2)\cos 45°$ で、支点まわりの復元モーメントは

$$-k\frac{l\theta}{2}\cos 45° \cdot \frac{l}{2}\cos 45° = -\frac{1}{8}kl^2\theta$$

となる．したがって，回転運動の方程式は

$$\frac{1}{3}ml^2\frac{d^2\theta}{dt^2} + \frac{1}{8}kl^2\theta = 0$$

これより，固有振動数は

$$f_n = \frac{1}{2\pi}\sqrt{\frac{3}{8}\cdot\frac{k}{m}}$$

10·5 $(2\pi\times 5)^2 = k/m$　　$(2\pi\times 4.5) = k/(m+5)$

これから　$k = m\cdot(2\pi\times 5)^2 = (m+4.5)\times(2\pi\times 4.5)^2$

したがって，可動部の質量は

$$m = (2\pi\times 4.5)^2\times 5/\{(2\pi\times 5)^2 - (2\pi\times 4.5)^2\} = 101.25/(25-20.25)$$
$$= 21.3 \text{ kg}$$

ばね定数 $k = (2\pi\times 5)^2\times 21.3 = 21038 \text{ N/m} = 21 \text{ kN/m}$

10·6 I を長手方向の軸まわりの船の慣性モーメントとすると，θ が小さい場合の運動方程式は

$$I\theta'' = -mgh\theta \qquad \text{ただし} \quad h = \text{GM}$$

(**p.55** の図 **3·25** の場合，G には横方向の力は作用しないので，G は不動で，復元モーメントのみが働く．)

したがって，ローリングの固有振動数は

$$f_n = \frac{1}{2\pi}\sqrt{\frac{mgh}{I}}$$

〔参考〕　トムソン／小堀与一訳：機械振動入門，p.26, 丸善.

10·7 棒の小さい回転角を θ とすれば

$$ml^2\frac{d^2\theta}{dt^2} + ka^2\theta = 0$$

固有振動数　$f_0 = \dfrac{1}{2\pi}\dfrac{a}{l}\sqrt{\dfrac{k}{m}}$

ダンパが取りつけられると

$$ml^2\frac{d^2\theta}{dt^2} + ca^2\frac{d\theta}{dt} + ka^2\theta = 0$$

で，その振動数は

$$f_d = f_0\sqrt{1 - \left(\frac{ac}{2l\sqrt{mk}}\right)^2}$$

10·8 加振力を F とすると

$$mx'' + cx' = F \quad \rightarrow \quad -ma\omega^2\cos\omega t - ca\omega\sin\omega t = F$$

$$F = \sqrt{(ca\omega)^2 + (ma\omega^2)^2} = a\omega\sqrt{c^2 + (m\omega)^2}$$

$$= 12 \text{ mm} \times 2\pi \times \frac{90}{60} \times \sqrt{(5 \text{ kN}/1 \text{ m/s})^2 + (1.4 \text{ kg} \times 2\pi \times 1.5)^2}$$

$$= 0.012 \times 3\pi \text{ m/s} \times \sqrt{(5000 \text{ kg})^2 + (4.2\pi)^2} = 565 \text{ N}$$

10·9 一定の速度 v で走行する自動車に対する道路の凹凸の振動数を $\omega = 2\pi v/\lambda$ とすれば，p.158 の式(10·48)をそのまま自動車の上下振動の振幅として用いることができる．振幅が大きくなるのは，共振時で

$$v = \frac{\lambda}{2\pi}\sqrt{\frac{k}{m}} = \lambda f$$

10·10 例題 10·7 の式(b)を書きなおすと

$$\frac{1}{2\pi}\sqrt{\frac{k}{m}} < \frac{1}{\sqrt{1+n}}\frac{\omega}{2\pi} \quad \text{あるいは} \quad f_0 < \frac{1}{\sqrt{1+n}}f$$

で，機械の固有振動数 f_0 は加振振動数 f の $1/\sqrt{1+2}$，すなわち 6.93 Hz 以下にとらなければならない．ばね定数は 152 kN/m 以下．

〔11章〕 立体的な力のつりあい

11·1 $\quad 30 \text{ kg} \times 9.81 \text{ m/s}^2 = 3T \times \dfrac{60}{\sqrt{100^2 + 60^2}}$

$\therefore \quad T = 10 \times \dfrac{9.81}{6} \times \sqrt{6^2 + 10^2} = 190.7 \text{ N} \cdots$ ひもに働く張力

11·2 棒の内力を F とすると

$$F\frac{\sqrt{3}}{2} \times 150 \text{ cm} = 20 \text{ kg} \times 150 \text{ cm} \times \frac{1}{2} \times 9.81 \text{ m/s}^2$$

$\therefore \quad F = 10 \times 9.81 \times \dfrac{1}{\sqrt{3}} = 56.64 \text{ N}$

〔別解〕 $Y_A + Y_B = F\cos 60°$, $Z_A + Z_B + F\sin 60° = 20 \times 9.81$

x 軸まわり $\quad F \times 1.5 \times \sin 60° = 20 \times 9.81 \times 0.75 \times \cos 60° \quad \rightarrow \quad F = 56.58 \text{ N}$

ここで，A，B 点の各ヒンジに働く力を求める．

$\quad Y_A = 0 \qquad Z_A \times 1.8 = 20 \times 9.81 \times 0.9 \quad (y\text{軸まわり})$

$\quad Z_A = 98.1 \quad \therefore$ A ヒンジ反力 $\quad 981 \text{ N}$

$\quad Z_B = 49.1 \quad \therefore$ B ヒンジ反力 $\quad 56.6 \text{ N}$

11·3 脚 A，B，C に働く力をそれぞれ F_A, F_B, F_C とする．

$\quad F_A + F_B + F_C = 65 \times 9.81 = 638 \text{ N}$ 　　　　　　　　　　　　　　　　(18)

x 軸まわり $\quad (F_B + F_C)60 \times \sqrt{3} \times \dfrac{1}{2} - 50 \times 9.81 \times 30 \times \dfrac{1}{2} = 0$

y 軸まわり $\quad (F_B + F_C)60 \times \dfrac{1}{2} + 50 \times 9.81 \times 30 \times \dfrac{\sqrt{3}}{2} - F_A \times 60 = 0$

これから　　$(F_B - F_C)52 - 7358 = 0$ （19）

$(F_B + F_C)30 + 12743 - F_A \times 60 = 0$ （20）

式(**18**)，式(**20**)から

$(638 - F_A) + 425 - 2F_A = 0 \rightarrow F_A = 354$ N

$F_B - F_C = 142, \ F_B + F_C = 284 \rightarrow F_B = 213$ N, $F_C = 71$ N

11·4 円板を小さい角度 θ だけねじると，おのおのの綱は鉛直線に対して $R\theta/l$ だけ傾き，3本で円板に $3T(R\theta/l) \times R$ の復元モーメントを与える．

$T = \dfrac{1}{3}mg$ であるから，復元モーメント $M = mg\dfrac{R^2}{l}\theta$

これから，振動数は

$$f_n = \dfrac{1}{2\pi}\sqrt{\dfrac{mgR^2/l}{m(1/2)R^2}} = \dfrac{1}{2\pi}\sqrt{\dfrac{2g}{l}}$$

〔**別法**〕エネルギー法

$$T = \dfrac{1}{2}m \cdot \dfrac{1}{2}R^2 \cdot \theta'^2$$

$$U = mgh = mgl(1-\cos\phi) = \dfrac{1}{2}mgl\phi^2$$

ここで，$l\theta = R\theta$ の関係があるから

$$U = \dfrac{1}{2}mgl\left(\dfrac{R}{l}\right)^2\theta^2 = \dfrac{1}{2}mg\dfrac{R^2}{l}\theta^2$$

$$f_n = \dfrac{1}{2\pi}\sqrt{\dfrac{mgR^2/l}{m(1/2)R^2}} = \dfrac{1}{2\pi}\sqrt{\dfrac{2g}{l}}$$

11·5　　$100 \times 15 = d^2 \times 20\cos\theta, \quad 100 \times 20 = d^2 \times 20\sin\theta$

∴　$\tan\theta = 4/3 \rightarrow \theta = 53°$

$d = \sqrt{100/\sin 53°} = 11.19$ cm

11·6　L面：$Mr \times d_2/(d_1+d_2)$ にすればよいから

$m_1 = M \times (r/r_1) \times (d_2/d)$

R面：$Mr \times d_1/(d_1+d_2)$ にすればよいから

$m_2 = M \times (r/r_2) \times (d_1/d)$

重心 G の反対側に，それぞれ m_1, m_2 の質量を取りつければよい．

参考図書

I 入門書
(1) 森田　鈞：力学，理工図書（1954）
(2) 杉山隆二：基礎力学演習，培風館（1960）
(3) 井上安之助ほか：技術者のための力学入門，産業図書（1962）
(4) 青木　弘，木谷　晋：工業力学，森北出版（1971）
(5) R. P. ファインマンほか（坪井訳）：ファインマン物理学 I，岩波書店（1967）

II 力学の話
(6) 坪井忠二：力学物語，岩波書店（1970）
(7) 吉福康郎：やさしい力学教室，講談社（1977）

III 体系的に書かれたもの
(8) 山内恭彦：一般力学，岩波書店（1959）
(9) 富山小太郎：力学，岩波書店（1970）
(10) 伏見康治：古典力学，岩波書店（1975）
(11) L. D. ランダウ，E. M. リフシッツ（広重，水戸訳）：力学，東京図書（1960）
(12) J. C. スレイター，N. H. フランク（柿内訳）：力学，丸善（1960）

IV 工学的応用に重点がおかれたもの
(13) 森口繁一：初等力学，培風館（1959）
(14) 守屋富次郎，鷲津久一郎：力学概論，培風館（1968）
(15) 坂田　勝：工学力学，共立出版（1977）
(16) T. v. カルマン，M. A. ビオ（村山，武田，飯沼訳）：工学における数学的方法　上・下，法政大学出版局（1954）
(17) F. P. ベア，E. R. ジョンストン（長谷川訳）：工学のための力学　上・下，ブレイン図書（1976）
(18) J. P. Den Hartog：*Mechanics*，McGraw-Hill（1948）
(19) S. Timoshenko, D. H. Young：*Advanced Dynamics*，McGraw-Hill（1948）

索引

〔あ行〕

アトウッドの器械　74, 102
アルキメデスの原理　54
案内羽根で曲げられる水流　133
位置エネルギー　120
　　高所にある物体の——　120
　　ばねにたくわえられる——　120
糸に巻かれた円板　99
宇宙速度
　　第一——　82
　　第二——　123
雨滴の落下　70
運動エネルギー　119
　　回転体の——　119
　　回転砥石の——　120
運動摩擦　104
　　——係数　104
運動量　131
　　——保存の法則　135
液中に沈められた角柱　54
液中に沈められた物体　54
SI 接頭語　4
SI の単位　3
エネルギー　118
　　保存の法則　121
エレベータの昇降　76
円運動　67
　　点の——　145
遠心分離機　77

遠心力　77
　　ロータに働く——　167
円すい振子　78
円柱を接合した半球　47
円板に働く水圧　56
円板の連結　136

音の速度　60

〔か行〕

回転運動　85
　　——の方程式　99
回転体の表面積と体積　39
回転半径　89
角運動量　134
　　——保存の法則　135
角加速度　68
角速度　67
角力積　134
貨車の減速　83
貨車の連結　143
加速度
　　求心——　65
　　瞬間の——　61, 64
　　接線——　64
　　平均の——　61, 64
　　法線——　64
滑車　127
　　——の組合せ　128
壁ではねかえる球　138
壁に吊られる円柱　23
紙の摩擦係数　116
換算質量　141
慣性の法則　73
慣性モーメント　88

　　——の一覧表　96
　　円すいかくの——　101
　　円板の——　93, 101
　　円輪の——　101
　　球の——　95
　　クランク軸の——　101
　　長方形板の——　92
　　直円柱の——　94
　　真直棒の——　91
　　U 字棒の——　97
慣性モーメントの測定　150
　　機械の——　151
　　金属製バットの——　150
慣性力　75
完全弾性衝突　138
完全非弾性衝突　138

機械の回転速度　68
機関車のけん引力　107
気球の上昇　83
基本単位　3
求心力　76
　　円運動する物体に働く——　77
球の衝突　135, 139
共振　156
　　機械の——　156
強制振動　155
極慣性モーメント　91
曲管内の流れ　132

杭打機　132
偶力　17
　　——の移動　17
　　——の腕　17

――の変換　19
　　――のモーメント　17
クーロンの法則　103
くさび　109
　　――の力　109
鎖のたるみと張力　58
グラインダの減速　102
クレモナの図式解法　30
クレーン　32, 129

ケプラーの法則　81
減衰運動　154
減衰係数　153
減衰振動　153, 155
減衰力　153

航空機
　　――の異常接近(ニアミス)　71
　　――の逆噴射装置　143
　　――の主翼　50
　　――の対地速度　72
剛体
　　――のつりあい　22
　　――の平面運動　85
効率
　　機械の――　129
　　ねじの――　112
合力　5
国際単位　2
固定軸のまわりの剛体の回転　88
固有振動数　152
　　機械の――　152
　　船の――　160
ころがり摩擦　106
　　――係数　107

〔さ行〕

差動滑車　128, 129
作用　74
作用・反作用の法則　74

ジェットエンジンの推力　133

軸の削り面　40
仕事　117
　　――の原理　126
　　回転体の――　118
　　曲線経路に沿った――　117
　　斜面に沿った――　118
質点　74
質量　73
支点　25
自動車
　　――の運動エネルギー　121
　　――の横転　77
　　――の加速　74
　　――の急制動　62
　　――の登坂性能　124
凹凸道路を走る――　159
カーブを曲がる――　116
二つの町を往復する――　60
斜面　107
　　――をころがる円柱　100
　　――をころがる球　102
　　――上の物体を支える水平力　108
　　――におかれた物体　103
　　――におかれた山形鋼　48
　　――に沿って引き上げられる物体　108
ジャーナル軸受　112
ジャッキの働き　111
周期　145
重心　35
　　――の一覧表　41
　　L形棒の――　36
　　円孔を有する長方形板の――　37
　　円弧の――　37
　　心棒の――　57
　　扇形板の――　38

直円すいの――　39
重心位置の測定
　　家具の――　45
　　車両の――　45
　　平面板の――　44
　　連接棒の――　44
自由落下　62
瞬間中心　86
衝撃力　131
衝突力　135
示力図　21
振動数　145
　　減衰振動の――　155
振動の位相　156
振動の絶縁　157
振動絶縁ばねのこわさ　158
振幅　145
心向き衝突　139
人工衛星　81

水圧機　53
水平振子　149
水平力を支える支柱とロープ　165

図心　36
スパナの働　15, 18
スラスト軸受　113
静止衛星　82
静止摩擦　103
　　――角　104
　　――係数　103, 105
静止流体の圧力　53
切削速度　69
切削動力　130
切断法　29
節点法　28

相対運動　70
相対加速度　86
相対速度　70, 86
相当単振子　149
速度
　　瞬間の――　59, 63
　　平均の――　59, 63

〔た行〕

タイヤの対地速度　87
太陽の質量　81
打撃の中心　141
ダムに働く水圧　55
ダランベールの原理　75
単振動　145
単振子　147
断面二次半径　90
断面二次モーメント　90
　　Ｉ形断面の――　98
　　Ｌ形断面の――　102

チェーンブロック　128
力　1
　　――の移動と変換　18
　　――の作用線　2
　　――の三角形　5
　　――の多角形　7
　　――の伝達　157
　　一点に働く――　7, 161
力とモーメントの置換　18
力の合成
　　剛体に働く――（計算法）
　　　19
　　剛体に働く――（図解法）
　　　21
　　着力点が異なる――　21
　　二つの――　5, 13
　　立体的な――　161
力のつりあい　9, 164
力のつりあわせ　10
力の分解　6
　　立体的な――　161
力のモーメント　15, 162
　　――の腕　15
　　――の合成　15
　　パイプに働く――　16
地球脱出速度　122
地球の質量　80
地球の半径　82
着力点　2
直衝突　137
　　心向き――　137
直列ばね　159

直交軸の定理　91

月をまわる宇宙船　84
月の加速度　72
月の軌道半径　80, 84
つりあい　167
　　回転体（ロータ）の――
　　　167
　　静――　167
　　動――　168
　　物体の――　46
つりあわせ　168
　　静――　168
　　多円板ロータの――
　　　169
　　動――　169
　　有孔円板の――　171
　　Ｙ形ロータの――　168

定滑車　127
てこ　125
　　――の速比　126
　　――の力比　125
電車の加速　83
電車の速度線図　72
伝達力の大きさ　157
天文単位　80

等加速度運動　61
動滑車　127
動力　123
　　――の伝達　124
　　回転機械の――　124
　　ジェットエンジンの――
　　　133
　　滝の水の――　130
トラス　27
　　――の節点　27
　　――の部材　27
　　片持式――　28
　　屋根――　30
ドラムに吊られた物体　88
トルク　15
　　モータの――　130

〔な行〕

内力　27
斜め衝突　137
　　心向き――　139

2本の綱で吊られた物体　10
ニュートンの運動法則　73

ねじ　110
　　――の効率　111
ねじれ振動　151
ねじれ振子　150

〔は行〕

バウの記号法　21
箱に詰められた円管　24
はずみ車　97
　　――の加速　69, 88
　　――の減速　72, 116
パスカルの原理　53
パップスの定理　40
ばね定数　27
ばねで支えられたドラム
　　26
ばねに吊られた物体　152
ばねの縮み　122
ばね振子　151
破片の運動　136
速さ　64
はり　49
　　――の反力　25
　　張出――　32, 50
　　ロープで支えられる――
　　　25
馬力（PS）　123
バリニオンの定理　16
パワー　123
反作用　74
バンドブレーキ　115
反発係数　137
　　――の測定　138
万有引力　79
　　――の定数　79
反力　23

微分方程式　146

ft-lb 系の単位　4
複振子　149
物体のおどり　146
物体のつりあい　46
　　安定な ——　46
　　中立の ——　47
　　不安定な ——　46
物体の転倒　47
不つりあい　168
　　静 ——　168
　　動 ——　169
物理振子　149
船を引く力　7, 12
船の安定性　55
船の速度　72
振子の等時性　148
浮力　54
　　—— の中心　55
ブロックの押上げ　109
ブロックブレーキ　105
噴水　66
分布力　49
分力　6

平行軸の定理　90
平行力　14
　　—— によるモーメント　163
　　—— の合成　14, 22
　　反対の向きをもつ ——　14

並進運動　85
並列ばね　159
ベクトル　2
ヘリコプタからの物体の投下　67
ヘリコプタのロータ　143
ベルクランク　126
ベルト伝導装置　102
ベルトの摩擦　114
変位の伝達　157
偏心衝突　140

放物体
　　—— の到達距離　66
　　—— の到達高さ　63, 66
　　—— の落下時間　63, 66
　　—— の落下速度　63
棒の打撃　142
補助単位　3
骨組構造　27

〔ま行〕

曲がったパイプ　163
巻上機に働く力　165
摩擦円すい　104
摩擦トルク　113
摩擦力　103
水を汲み上げるモータ　130
水に浮かぶ球かく　58
メタセンタ　55

〔や行〕

床をすべる物体　105

〔ら行〕

ラミの定理　10
力学エネルギー　119
力積　131
リングの表面積と体積　58
輪軸　126
　　物体を巻き上げる ——　127
列車の登坂能力　130
連力図　22
ロータ　166
ロープ
　　—— の垂下比　52
　　—— の張力　53
　　—— の摩擦　116
ロケットの打上げ　61, 122

〔わ行〕

惑星の軌道半径　81
惑星の公転周期　81

<著者略歴>

入江 敏博（いりえ としひろ）

1922 年　岐阜県に生まれる．
1944 年　京都帝国大学工学部航空工学科卒業
1944 年　川崎航空機工業株式会社勤務
1953 年　岐阜大学農学部助教授
1964 年　北海道大学工学部教授
1986 年　関西大学工学部教授
　　　　北海道大学名誉教授，工学博士
専　攻　機械力学，機械振動学
著　書　「機械振動学通論（第 2 版）」朝倉書店
　　　　「演習機械振動学」朝倉書店
　　　　「機械数学」朝倉書店
　　　　「工業力学」理工学社（共著）
　　　　「パイプス・ハーヴィル応用数学」コロナ社（共訳）

本書籍は，理工学社から発行されていた『詳解 工業力学』を改訂し，第2版としてオーム社から発行するものです．オーム社からの発行にあたっては，理工学社の版数を継承して書籍に記載しています．

- 本書の内容に関する質問は，オーム社書籍編集局「(書名を明記)」係宛に，書状またはFAX(03-3293-2824)，E-mail(shoseki@ohmsha.co.jp)にてお願いします．お受けできる質問は本書で紹介した内容に限らせていただきます．なお，電話での質問にはお答えできませんので，あらかじめご了承ください．
- 万一，落丁・乱丁の場合は，送料当社負担でお取替えいたします．当社販売課宛にお送りください．
- 本書の一部の複写複製を希望される場合は，本書扉裏を参照してください．
[JCOPY]＜(社)出版者著作権管理機構 委託出版物＞

詳解 工業力学（第2版）

昭和58年1月20日	第1版第1刷発行
平成28年11月30日	第2版第1刷発行
平成30年12月25日	第2版第3刷発行

著 者　入江敏博
発行者　村上和夫
発行所　株式会社 オーム社
　　　　郵便番号　101-8460
　　　　東京都千代田区神田錦町3-1
　　　　電話　03(3233)0641(代表)
　　　　URL　https://www.ohmsha.co.jp/

© 入江敏博 2016

印刷・製本　平河工業社
ISBN978-4-274-21955-9　Printed in Japan

● 機械工学入門シリーズ

機械材料入門 (第3版)
佐々木雅人 著
最新刊 A5判/232頁 本体2100円【税別】

本書は、ものづくりに必要な、材料の製法、特性、加工性、用途など、機械材料全般の基本的知識を広く学ぶための入門テキストです。第3版では、材料技術の進展にともない新たに開発された新素材や新しい機械材料（合金鋼、希有金属、非金属材料、機能性材料等）について増補するとともに、JIS材料関係規格についても、最新規格に準拠。企業内研修および学校教育用テキストとして最適です。

機械力学入門 (第3版)
堀野正俊 著
最新刊 A5判/152頁 本体1800円【税別】

学生として初めて［機械技術］を学ぶ方や、すでに技術の現場で活躍されている方々が、機械を理解するための［力学］をどのように考えればよいかについて、正しい考え方が身に付くよう、わかりやすく記述。豊富な［例題］73問と実際に即した［練習問題］102問を掲載。機械系学生の教科書として、機械系技術者の独習書としておすすめ！

材料力学入門 (第2版)
堀野正俊 著
A5判/176頁 本体2000円【税別】

生産管理入門 (第4版)
坂本碩也・細野泰彦 共著
A5判/232頁 本体2200円【税別】

機械工学一般 (第3版)
大西 清 編著
A5判/184頁 本体1700円【税別】

機械設計入門 (第4版)
大西 清 著
A5判/256頁 本体2300円【税別】

要説 機械製図 (第3版)
大西 清 著
A5判/184頁 本体1700円【税別】

機械工作入門
小林輝夫 著
A5判/240頁 本体2400円【税別】

流体のエネルギーと流体機械
高橋 徹 著
A5判/184頁 本体2100円【税別】

● 好評既刊

総説 機械材料 (第4版)
落合 泰 著
A5判 並製 192頁 本体1800円【税別】

機械の設計に必要とされる材料の基礎知識を、材料の組織、性質、加工性、用途などに重点を置き、徹底的に詳述した。第4版では、複合材料・機能性材料・レアメタルなど、新材料を増補するとともに、最新のJISにもとづいて、材料規格・用語表記などを改訂。大学・高専・専門学校などの教科書、初級技術者向けのテキストとして絶好。

機械力学の基礎
堀野正俊 著
最新刊 A5判 並製 192頁 本体2200円【税別】

◎本体価格の変更、品切れが生じる場合もございますので、ご了承ください。
◎書店に商品がない場合または直接ご注文の場合は下記宛にご連絡ください。
TEL.03-3233-0643 FAX.03-3233-3440　https://www.ohmsha.co.jp/

● 好評既刊

機械設計 ― 機械の要素とシステムの設計 ―（第2版）
吉本・下田・野口・岩附・清水 共著　　A5判　並製　368頁　本体3400円【税別】

機械システムを構築するために必要な機械要素の選定と、その組合わせを適切に行う方法を、豊富な図版、計算式、例題を用いて解説。歯車の選定を容易にするJGMA簡易計算法を記載、不等速運動機構としてリンク機構、カム機構の動的挙動まで加筆、公差、ねじ、転がり軸受など、最新JIS改正に対応した改訂版。実務に直結する実力・応用力を養成。大学教育、企業の社内教育の教材に最適。

JISにもとづく 機械製作図集（第7版）
大西 清 著　　B5判　並製　144頁　本体1800円【税別】

正しくすぐれた図面は、生産現場においてすぐれた指導性を発揮する。本書は、この図面がもつ本来の役割を踏まえ、機械製図の演習に最適な製作図例を厳選し、すぐれた図面の描き方を解説。第7版では、2013年10月時点での最新JIS規格にもとづき、本書の全体を点検・刷新し、製造現場のデジタル化・グローバル化に対応。機械系の学生および技術者のみなさんの要求に応える改訂版。

基礎製図（第5版）
大西 清 著　　B5判　並製　136頁　本体2080円【税別】

JISにもとづく 標準機械製図集（第7版）
大柳 康・蓮見善久 共著　　B5判　並製　144頁　本体1900円【税別】

伝熱学の基礎
吉田 駿 著　　A5判　上製　224頁　本体2000円【税別】

基礎 機械設計工学（第3版）
兼田楨宏・山本雄二 共著　　A5判　上製　240頁　本体2900円【税別】

機械工学基礎講座 工業力学（第2版） 　【最新刊】
入江敏博・山田 元 共著　　A5判　並製　288頁　本体2800円【税別】

機械工作要論（第4版）
大西久治 著／伊藤 猛 改訂　　A5判　並製　288頁　本体2300円【税別】

手巻きウインチの設計（第3版）
機械設計研究会 編　　A5判　並製　192頁　本体2000円【税別】

図でわかる 溶接作業の実技（第2版）
小林一清 著　　A5判　並製　272頁　本体2600円【税別】

◎本体価格の変更、品切れが生じる場合もございますので、ご了承ください。
◎書店に商品がない場合または直接ご注文の場合は下記宛にご連絡ください。
TEL.03-3233-0643　FAX.03-3233-3440　https://www.ohmsha.co.jp/

● 好評既刊

JISにもとづく 機械設計製図便覧 第12版

エンジニアとともに60年。あらゆる機械の設計・製図・製作に対応。

工学博士 津村利光 閲序／大西 清 著　　B6判 上製 720頁 本体4000円【税別】

主要目次　1 諸単位　2 数学　3 力学　4 材料力学　5 機械材料　6 機械設計製図者に必要な工作知識　7 幾何画法　8 締結用機械要素の設計　9 軸、軸継手およびクラッチの設計　10 軸受の設計　11 伝動用機械要素の設計　12 緩衝および制動用機械要素の設計　13 リベット継手、溶接継手の設計　14 配管および密封装置の設計　15 ジグおよび取付具の設計　16 寸法公差およびはめあい　17 機械製図　18 CAD製図　19 標準数　付録

JISにもとづく 標準製図法 第14全訂版

「サイズ公差の表示法」対応。日本のモノづくりを支える、製図指導書のロングセラー。

工学博士 津村利光 閲序／大西 清 著　　A5判 上製 248頁 本体1900円【税別】

メカニズムの事典

機械の素・改題縮刷版。メカニズムと機械の要素800図。生涯役立つ基本図書。

伊藤 茂 編　　A5判 並製 240頁 本体2400円【税別】

AutoCAD LT2019 機械製図　最新刊

間瀬喜夫・土肥美波子 共著　　B5判 並製 296頁 本体2800円【税別】

「AutoCAD LT2019」に対応した好評シリーズの最新版。機械要素や機械部品を題材にした豊富な演習課題69図によって、AutoCADによる機械製図が実用レベルまで習得できる。簡潔かつ正確に操作方法を伝えるため、煩雑な画面表示やアイコン表示を極力省いたシンプルな本文構成とし、CAD操作により集中して学習できるよう工夫した。機械系学生のテキスト、初学者の独習書に最適。

3日でわかる「AutoCAD」実務のキホン　最新刊

土肥美波子 著　　B5判 並製 152頁 本体2000円【税別】

本書は、仕事の現場で活かせるAutoCADの［知っておくべき機能］［よく使うコマンド］を厳選し、CAD操作をむりなく学べる入門書です。AutoCAD特有の［モデル空間］での作図・修正から［レイアウト］での印刷・納品まで、現場で使える操作法が学べます。多機能・高機能なAutoCADを、どう習得すればよいのか困っている初学者・独習者にとって最適な手引書です。

◎本体価格の変更、品切れが生じる場合もございますので、ご了承ください。
◎書店に商品がない場合または直接ご注文の場合は下記宛にご連絡ください。
TEL.03-3233-0643　FAX.03-3233-3440　https://www.ohmsha.co.jp/